苏格兰和爱尔兰之间关于威士忌起源的争端尚未解决(这两种威士忌酒也以单词结尾中有无字母“e”来区分)，这当然不能阻止威士忌酒成为世界上消费量最大的产品之一，以及征服全球市场、赢得许多鉴赏家的赞赏，这种蒸馏酒有着悠久的历史和独特的特点。本书由戴维德·泰尔齐奥蒂(Davide Terziotti)和克劳迪奥·里瓦(Claudio Riva)两位专家撰写，带你走进威士忌的世界，从基本原料开始，到生产方法和主要的地区品种，揭示美国威士忌和加拿大威士忌的区别以及爱尔兰威士忌和苏格兰威士忌的区别。这本书解释了知名产品标签上的单一麦芽、混合谷物和单一谷物等术语，介绍了当今市场上非常受欢迎的威士忌，并附有说明，描述了它们的特点、风味和与众不同之处。本书的最后一章有法比奥·佩得罗尼(Fabio Petroni)拍摄的精彩照片，推荐了一系列经典或创新的以威士忌为基酒的鸡尾酒，配上简单易学的酒谱，包含了自己制作鸡尾酒所需的所有信息。

威士忌

历史，趣闻，潮流和鸡尾酒

［意］戴维德·泰尔齐奥蒂　［意］克劳迪奥·里瓦　著
［意］法比奥·佩特罗尼　摄影
李祥睿　陈洪华　李佳琪　译

中国纺织出版社有限公司

目录

威士忌的介绍

可以这么说，威士忌毋庸置疑是最能唤起人们记忆的酒精饮料之一，曾在大量电影、电视剧和文学作品中出现。像汉弗莱·博加特（Humphrey Bogart）和弗兰克·辛纳特拉（Frank Sinatra）这样的明星与威士忌有着千丝万缕的联系，以至于这位著名的歌手——弗兰克·辛纳特拉被授予了一瓶同样令人印象深刻的田纳西威士忌。

在许多文化中，品尝威士忌被认为是一种难得的乐趣，是当人们沉浸在烟雾弥漫的酒吧时、在美国进入禁酒时代时、在配有切斯特菲尔德（Chesterfield）沙发的贵族客厅或在与朋友共进晚餐后，打开一个密封了不知多久的瓶子时细细品味的乐趣。在其他社会文化中，威士忌被认为是一种像葡萄酒或啤酒一样受欢迎的饮料，供应丰富，价格低廉，可以毫无顾忌地混合饮用。

就像经常与之联系在一起的明星们的生活一样，威士忌市场和消费量经历了快速的上升和灾难性的下降。想象一个从19世纪末期开始的图表，我们可以看到一个由于两次世界大战的灾难性影响而导致的工业快速扩张和衰落的高频周期。

这种上升和下降的趋势似乎已经结束，当前时期在显然不可阻挡的全世界蒸蒸日上的背景下似乎是最繁荣的时期。有关威士忌的杂志、节日和书籍层出不穷，消费者、粉丝、收藏家、作家和博客的数量急剧增加。上述现象是全球性的，因此不能被简单认为是单纯的宣传或者光鲜杂志上资料性文章引发的。本书中提及的酒都经过精心挑选，着重叙述了一般消费者能了解的酒的种类和酒之间的主要差异。除了个例之外，过去非常明显的地理多样性如今大大减少了，在同一产品类别内，甚至在同一酒厂的产品中，有着非常不同的香气和风味。即使在像苏格兰这样被认为相对传统的国家，关于酒的创新也从未停止。在需求旺盛的时期，创新不仅是为了追求生产效率，也为了吸引新的消费者。尽管纯粹主义者常常嗤之以鼻，混合仍是产品成功的另一块重要的基石。一些像黑麦这种几乎完全被遗忘的威士忌，也因为许多经典鸡尾酒的创新使用而重归于流行之列。在接下来的几页中，读者将不得不摆脱他们所有的偏见或僵化，对他们所有关于威士忌的固有见解产生疑问。

历史与地理环境

威士忌的历史一般使用图形表示法、精确日期和像神话和传说这种不可靠的来源来讲述，往往过于简单化。例如，传统上认为圣帕特里克（St. Patrick）在公元432年返回爱尔兰时蒸馏出了第一杯威士忌，他在传播基督教的任务中从阿拉伯居民那里学习了这一蒸馏技术。

蒸馏之初，烈性酒通常被称为生命之水，与源自盖尔语uisge beatha的威士忌一词含义相同。

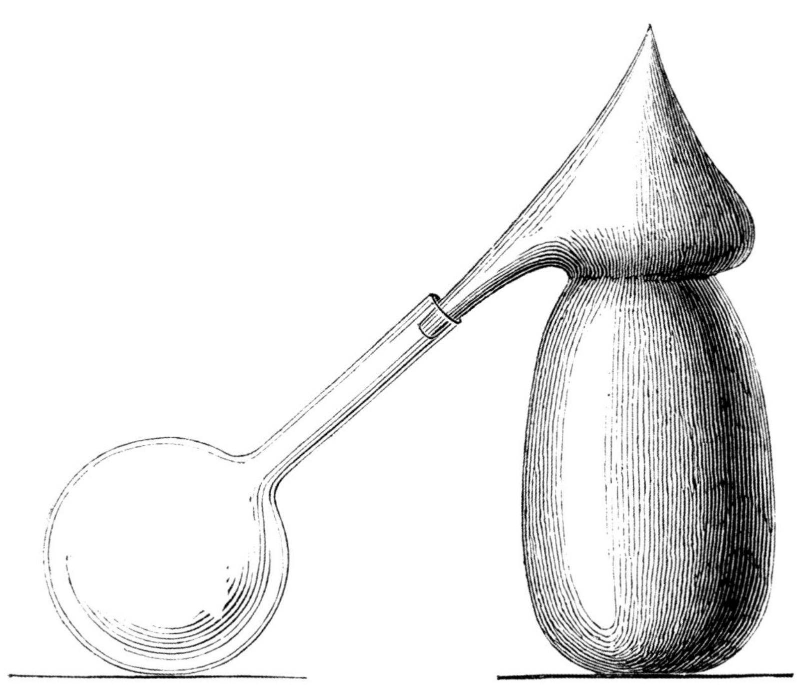

19世纪，帕诺波利斯（Panopolis）的佐西默斯（Zozimus）在公元3世纪创作了一幅小型蒸馏器的图画

当时酒精仍主要用于药用。过去炼金术士通常是最擅长蒸馏技术的人：生活在3世纪至4世纪之间，来自帕诺波利斯（Panopolis）的希腊炼金术士佐西姆斯（Zosimus）描述了蒸馏装置，在一幅画里对它们进行了详细的绘制，流传至今。8世纪，在蒸馏方法的完善和传播中起着关键作用的人是阿拉伯炼金术士阿布·穆萨·德夏比尔·索利（Abu Moussah Dschabir al Soli），他也叫盖伯（Geber），他描述了蒸馏玫瑰水的设备。通常玫瑰水和玫瑰油一起被用来治疗许多疾病。继盖伯之后，这项技术又被阿卜巴赫·穆罕默德·伊本·扎卡里耶·拉兹（Abü Bakr Muhammad ibn Zakariyyã al-Rãzï）（拉丁名为拉齐斯Rhazes，生活在9世纪初）和叙利亚人伊本·西纳（Ibn Sinã）（俗称阿维森纳Avicenna，980–1037）所记载。关于阿拉伯人是如何起决定性作用的明确证据也可以在语言学中找到：酒精（al-kuhl）和蒸馏器（al-anbïq）这两个词起源于阿拉伯语，尽管是希奥弗拉斯托斯·博马斯托斯·冯·霍恩海姆（Theophrastus Bombastus von Hohenheim），以帕拉塞尔苏斯（Paracelsus）的名字为人所知（1493–1541），在这个词的现代意义上首次使用"酒精"的含义。阿拉伯科学通过几个机构传播这一知识。其中一个是色蓝诺医学院（the Schola Medica Salernitana），从10世纪起一直发挥基础性作用，成为了阿拉伯和拜占庭希腊文化的纽带。

在这种情况下，威士忌在很长一段时间内主要是一种农产品，主要是利用不能保存的剩余农作物来获得的，用来在酒吧交换货物。远离政府控制的边远地区的发展催生了非法贩卖、烈酒私酿和走私的"神话"。

威士忌的形式与今天的烈性酒相似，在19世纪后半叶才发展起来的，当时消费开始增加，同时进行技术干预，以提高其质量和生产效率。尤其是采用柱式蒸馏和连续蒸馏，使威士忌有可能一跃进入工业生产时代。

苏格兰

苏格兰威士忌的一个象征性日期是1495年6月1日，这是在林多丽丝修道院（Lindores Abbey）发现的一个金库卷上的日期，上面记载了修道院的僧侣约翰·科尔（John Corr）得到了8蒲耳（谷物的旧计量单位）麦芽来制作酒。1505年，爱丁堡的外科医生与理发师行会获得了威士忌生产和商业化的垄断权，这一事实反映了酒精的药用价值。1540年，议会明确地将这两种职业区分开来，可能是因为意识到了这两种职业的不同。在政府机构、烈酒私酿者和走私犯之间经过几十年的斗争之后，1823年由戈登公爵推动的消费税法案或许建立了和平局面，恢复了大多数酿酒者的合法性。彼时工业革命达到了顶峰，通信线路得到改善，主要得益于新的铁路和航运线路的出现。围绕工业生产而产生的乐观情绪也激发了发明家的思维。1826年，罗伯特·斯坦因完善了第一个柱式蒸馏塔，比传统的壶式蒸馏器效率更高，能够生产出更适合饮用的蒸馏酒。1830年，爱尔兰税务官员埃涅阿斯·科菲（Aeneas Coffey）进一步改进了这项发明，并将其命名为科菲蒸馏器。虽然爱尔兰人拒绝采用这项新技术，但苏格兰人热情地接受了它。这是第一批伟大的商人出现的时候，他们从酒厂购买威士忌，然后在商店里出售。在这一时期，由百龄坛、芝华士、杜瓦和约翰尼·沃克等品牌生产的传奇威士忌广为流行，因此，第一批“混饮者”发现，可以通过混合不同的威士忌，创造出一种配方，制造出可识别和可反复生产的产品。产品规范和政府法规鼓励这种做法。一种来自新大陆的蚜虫，也来帮助威士忌生产商。当时，白兰地仍然是英国上流社会餐桌上最上乘、消耗最多的蒸馏酒。大部分葡萄园在19世纪60年代被蚜虫摧毁，立即影响到葡萄酒和几年后的干邑，导致珍贵的法国蒸馏酒被苏格兰威士忌取代。

1877年，最初由6家苏格兰威士忌酿酒厂组成的酿酒公司成立，随后几年又收购了其他几家生产商。即便是漫长的禁酒时代突然停止了酒精饮料的传播，美国也开始进口威士忌。在这段时间里，苏格兰威士忌的名声很差，丑闻和掺假产品使名声每况愈下，甚至导致了一系列的死亡事件。

在第一次世界大战爆发的几年里，由于滥用低质量的酒精，加上担心对公共秩序产生影响，当局将酒在木桶中的最低成熟期定为2年，后来又增加到3年，认为如果威士忌在木材中熟化时变得柔和，会减少其导致的攻击性行为。

大约在1890年英国一家杂志刊登的约翰尼·沃克的广告

G
519
1976

在接下来的几年里，开设、关闭和重新开业的单一麦芽酒厂都为创造新配方的混合实验服务。每家酒厂都生产出一种具有独特特性的蒸馏酒，这种蒸馏酒的配方与著名的混合酒品牌的配方一致。直到20世纪50年代，单一麦芽威士忌才不再是一种商机要素，买方和独立装瓶商的角色也得以完善。像凯登汉德（Cadenhead's）、戈登（Gordon）和麦克费尔（MacPhail's）、道格拉斯·莱恩（Douglas Laing）这样的苏格兰大商人开始更频繁地销售单一麦芽威士忌，或者和许多其他酒厂一起，将他们的产品出售给著名的买家，如西尔瓦诺·森莫路尼（Silvano Samaroli），或者像里纳尔迪（Rinaldi）这样的进口商。促成单一麦芽威士忌成功的最重要的人物之一是查尔斯·戈登（Charles Gordon），他是格兰特家族的后代，也是格兰菲迪（Glenfiddich）的主人，他在20世纪60年代对保护单一麦芽威士忌和维持其价格稳定起到了决定性的推动作用。

20世纪60年代和70年代的乐观主义导致酿酒厂如雨后春笋般地出现，1983年则是威士忌的可怕年景：生产过剩和随之而来的消费量下降导致了一场被称为“威士忌湖（Whisky Loch）”的危机。但这一危机，无论造成了多么灾难性的损失，并没有持续多久。消费量回升很快，苏格兰威士忌很快成为一种全球现象。受苏格兰威士忌协会保护的、非常严格的苏格兰威士忌产品规范，认定苏格兰威士忌主要分为两大类：麦芽威士忌和谷物威士忌。第一种必须由麦芽通过壶式蒸馏器分批蒸馏生产，其余则属于谷物威士忌类。这两种类型的威士忌组合构成了苏格兰威士忌的五个小类：单一麦芽威士忌，单一酒厂生产的麦芽威士忌；单一谷物威士忌，单一酒厂生产的谷物威士忌；混合麦芽威士忌，是由不同单一麦芽威士忌混合而来；混合谷物威士忌，是不同单一谷物威士忌的混合物；最后是麦芽威士忌和谷物威士忌的混合。所有产品都可以用E150焦糖色素着色。

在格兰菲迪酒厂的一个陈酿的酒窖里品尝

爱尔兰

很长一段时间以来，爱尔兰威士忌的声誉远远高于苏格兰威士忌。苏格兰威士忌更容易生产出质量低劣、经常掺假的蒸馏酒。

爱尔兰威士忌出现的第一个书面证明可以追溯到1405年：在克隆马克诺伊斯（Clonmacnoise）这个小村庄的历史记载中，一位氏族首领的死因被认为是饮用了“过量的酒精”。伊丽莎白一世女王和俄国沙皇彼得大帝都非常喜欢爱尔兰威士忌。具有讽刺意味的是，导致爱尔兰威士忌衰退的第一个打击来自爱尔兰人、税务官员埃涅阿斯·科菲（Aeneas Coffey），他为所谓的“专利蒸馏器”申请了专利，这是一种使连续蒸馏成为可能的两柱蒸馏器，与传统的不连续蒸馏器完全不同。科菲完善了他的两位前任安东尼·皮埃尔（Anthony Perrier）和罗伯特·斯坦因（Robert Stein）的发明。用连续蒸馏器生产苏格兰威士忌的产量增长开始影响到爱尔兰威士忌在世界各地的出口。爱尔兰人拒绝接受这种情况，试图质疑用非传统蒸馏器生产威士忌的合法性，1879年他们出版了一本书，名为《关于威士忌的真理》（*Truths abmot Whiskey*）。1909年，皇家威士忌和其他饮用酒委员会明确拒绝了他们的请愿。随着禁酒令、第一次世界大战和爱尔兰独立战争的到来，爱尔兰威士忌几乎销声匿迹。1966年，爱尔兰共和国现存的三家酿酒厂：约翰·詹姆森父子（John Jameson & Son）、约翰·波尔斯父子（John Power & Son），科克（Cork）酿酒公司（旧米德尔顿酿酒厂的所有者）联手组建了爱尔兰酿酒集团，将生产转移到一家大型酿酒厂——新米德尔顿，使用柱式蒸馏器，开始生产混合威士忌，复兴了爱尔兰威士忌行业，使之重生。1987年库利（Cooley）酒厂延续了行业复兴，兴建许多其他酒厂的计划也纷至沓来。

建于1608年的老布什米尔（the Old Bushmills）
酒厂生产的威士忌的广告海报

威士忌的拼写是Whiskey还是Whisky?

whisk（e）y这个词是古盖尔语中uisce beatha或uisge-beatha的英文形式，字面意思是“生命之水”。我们经常看到这个词有两种写法：Whiskey和Whisky。虽然我们通常说爱尔兰和美国使用Whiskey，而世界上其他国家则选择Whisky，但实际上并不是那么明确。

为什么会有所不同？现在看来，爱尔兰人在19世纪有系统地引入了这种差异，以区别于苏格兰生产商。然而与此同时，仍有爱尔兰生产者继续使用传统形式，苏格兰人使用所谓的“爱尔兰”形式。

大量涌入美国的爱尔兰酒厂无疑要为到达大西洋彼岸威士忌拼写中额外的“e”负责，尽管目前还不确定是否真的是美国的爱尔兰人在单词中引进了上述“e”。所以我们能得出所有美国生产者和官方文件使用Whiskey这种写法的结论吗？

不，那想得太简单了。威士忌的主要品牌都采用了Whiskey的用法，但即使是在规范美国威士忌生产的产品规格中，标准术语是“Whisky”，尽管Whiskey形式可以自由使用。在日本标签上这两种写法都有出现。看起来两种写法造成了很多人的困惑。简言之，这两种形式可以被认为是可互换的，Whiskey更通用，因此我们选择在本书中使用这种写法。

美国

第一批美国威士忌很可能是黑麦威士忌，第一批酿酒师很可能是18世纪和19世纪来到宾夕法尼亚州的中欧移民，通常是逃离宗教迫害的德国人和摩拉维亚人。阿巴拉契亚山脉和阿勒格尼山脉之间的地区是美国威士忌的发源地，通过俄亥俄河进行运输。黑麦的使用并不是随机的选择：它是酿酒者家乡常见的谷物，也广泛用于面包制作。通常会在蒸馏酒中添加香草和水果。1776年美国独立战争后的巨额国债掌握在几家欧洲银行手中。

他们试图对生产烈性酒征收直接税，但酒厂反抗并拒绝付款，部分原因是他们的经济很大一部分是以物易物而非以货币为基础。

描述1794年宾夕法尼亚州威士忌叛乱的反政府漫画

1919年阿奇·贝尔特拉姆（Achille Beltrame）绘制的
“美国禁酒令开始时一瓶威士忌的葬礼图”

这是“威士忌叛乱”的开始。谈判失败后，乔治华盛顿总统号召军队镇压叛乱，他亲自率领军队，并成功地镇压了叛乱。这项税收从未完全兑现，最终于1801年被取消。黑麦威士忌一直是真正的美国酒类代表，直到20世纪几乎完全被波旁威士忌取代。

1919年至1933年间，随着《禁酒令》和《第十八修正案》的实施，宣布禁止酒精的生产、销售、进口和运输，并对威士忌生产商产生了毁灭性的影响，导致黑麦威士忌的减少。

酒精饮料成为非法的第一天是1920年1月20日，漫长的“干燥”期使消费量减少了50%，一直持续到1940年。在过去的几十年里，一个独特的领先世界的现象是微型酿酒厂正在赶上工艺酿酒厂兴起的浪潮。这种现象始于1993年的西海岸，当时史蒂夫·麦卡锡（Steve McCarthy）在波特兰建立了清溪酒厂，几乎同时，弗里茨·梅泰格（Fritz May-tag）在旧金山开了蒸馏酒厂。这两个名字的酒厂现在已经有几百家酒厂加入，这些酒厂已经开始开发和试验创新的生产系统，主要集中在肯塔基州，试图和主要生产商形成对峙局面。

近年来，随着微型酿酒厂和波旁威士忌的迅猛发展，黑麦威士忌在几乎从商店货架和酒吧消失后也卷土重来。此次卷土重来以三位数的增长呈现一种积极态势，可能是由调酒学世界创造的火花引发的，再加上“老式”鸡尾酒的重新发现，例如，自然的传统鸡尾酒或曼哈顿鸡尾酒，自从黑麦威士忌成为威士忌之王以来，这些鸡尾酒一直很流行。

美国的立法相当复杂。一杯威士忌能称为波旁威士忌的前提是麦芽浆（混合谷物）含有至少51%的玉米，并留在烧焦的新橡木桶中发酵。“straight”一词表示该产品发酵年份至少为2年，所有低于4年的波旁威士忌必须附有年份说明。另一个公认的酿造波旁威士忌的规则是液体蒸馏后的酒精体积百分数不能超过80%，必须放进一个桶中在不超过62.5%的酒精浓度下陈酿，在不低于40%的酒精浓度下装瓶。这同样适用于黑麦威士忌（含黑麦至少51%的麦芽浆）和小麦威士忌（含小麦至少51%的麦芽浆）。

日本

几个世纪以来，日本人一直在从谷物中提炼烈酒，但1633年，日本的锁国政策禁止了与外界的一切接触。1853年6月8日，美国海军准将马修·卡尔布雷斯·佩里（Matthew Calbraith Perry）非法进入东京湾并开始谈判，他为推动谈判进程提供了几份礼物，其中似乎包括一些威士忌。尽管日本人命令佩里不要回来，但六个月后他带着一支更大的舰队回来，带着几加仑威士忌给天皇和其他官员，以推动谈判。1854年3月31日，美国和日本签署了《神奈川条约》，正式建立了两国间的和平与友好关系。1868年，幕府被废除后，日本开始了一段改革时期，“西洋酒”（yoshu）的消息不胫而走，引起了人们的好奇。正是在这一更新和改革的时期，日本人开始尝试复制生产这种几乎无人知晓的饮品。酒精仍然被认为是药用的，因此直到1901年，它能非常简单的绕过税收。从1901年起，酒精生产开始受到管制，所以他们开始从欧洲进口第一批连续蒸馏酒。尼卡和三得利这两个主要生产商接下来采取了不同的措施，但都单方面放大了他们的创始人的作用。因此，有必要向后退一步，从不同的角度看问题。

毫无疑问，日本威士忌诞生的第一个关键人物是鸟井信治郎（Torii Shinjiro），他一开始在一家酒类商店工作，然后自己在1899年经营了一家名为寿屋（Kotobukiya）的酒类商店，从而完善了他对西方酒类的知识。他渴望尝试并找到一种能取悦日本人味蕾的口味，于是他试着将不同的酒精饮料混合在一起，并对西方越来越感兴趣。1907年，他找到了一种令他满意的配方，并称这种产品为甜蜜之酒——赤玉波特风格加强酒（Akadama Port wine）。

这种葡萄酒获得了成功，促使信治郎（Shinjiro）创造出类似于威士忌的东西。

这时，鸟井相信自己可以创造出一种满足日本人口味的威士忌，于是他开始考虑开一家酿酒厂。

第二个关键人物是竹鹤政孝（Masataka Taketsuru），他是一家清酒厂老板的儿子，也是一名化学专业的学生。1917年，他加入了摄津（Settsu Shuzo）酒业公司，大概就是在这个时候，摄津（Settsu Shuzo）的老板阿部喜兵卫（Kihei Abe）决定派人去苏格兰学习威士忌的制作艺术，他选择了1918年开始制作威士忌的竹鹤。在苏格兰期间，他遇到了他的妻子丽塔（Rita），丽塔成为他生活和事业中的关键人物。20世纪20年代，在苏格兰当过学徒并与丽塔结婚之后，竹鹤回到了日本。与此同时，鸟井的公司寿屋正准备在京都附近的山崎村（Yamazaki）开设第一家日本威士忌酿酒厂，第一次蒸馏的正式日期是1924年11月11日。竹鹤在此之前不久就被雇佣成为企业的员工，并担任酿酒厂经理。第一款威士忌于1929年4月推出，名为三得利（Suntory）白札（Shirofuda），但几个月后，竹鹤和鸟井分道扬镳。在经历了一段艰难的时期之后，竹鹤开始了新的冒险，并在北海道建立了余市蒸馏所，北海道让他想起了苏格兰。它成为了日本第二大的集团：尼克卡（Nikka）。2001年，在《威士忌杂志》组织的一次盲品活动中，余市（Yoichi）10年获得了“最佳中的最佳”奖（“Best of the Best”）。

在日本，没有关于威士忌的规定，所以任何种类的饮料都可以贴上这样的标签。没有像苏格兰威士忌那样的地域保护，因此任何种类的进口威士忌都可以贴上日本标签；没有严格的陈酿规定，任何种类的容器都可以使用，而且，没有规定的最

小岛诚一（Seiichi Koshimizu），山崎三得利著名的首席勾兑师。

低陈酿酒龄，所以即使是刚从蒸馏器中提取出来的酒精也可以称为威士忌；对最低酒精浓度没有限制，因此可以低于40%，这是许多受管制市场的最低标准；配方不一定必须来自谷物的发酵，它可以与其他种类的酒精混合勾兑，有不同的来源，也可以芳香化。虽然没有规定，但是对于单一麦芽酒，酿酒厂采用了苏格兰使用的相同规则，因此有更大的真实性保证。

世界其他地区

威士忌生产现在遍布全世界，有许多威士忌生产国。并非所有地方都有威士忌这个词的确切定义，这意味着一个国家的威士忌产品，在其他国家或地区可能不叫威士忌。欧洲立法，以苏格兰为例，要求威士忌在容量不超过700升（185加仑）的木桶中至少成熟3年，因此进口威士忌也必须符合标签要求。法国也是威士忌的主要消费国之一，这个国家的经济正在迅速增长，现在新的蒸馏酒厂或原有生产其他酒类的蒸馏酒厂也在生产威士忌。

买家和独立装瓶商

近几十年来，酿酒厂越来越多地落入跨国公司的手中，直到最近，酿酒厂老板才开始直接推广和销售单一麦芽威士忌。在威士忌的近代史中，从19世纪中叶开始，它的商业和成功依赖于混合勾兑，他们从酿酒厂购买“原料”，并提出自己的配方，从而创造出他们自己的威士忌。

在所谓的“威士忌大亨”——沃克、杜瓦、布坎南和黑格的控制下出现的大品牌都来自这个时期。除了混合勾兑，“独立”人士还扮演着另一个重要角色：经纪人和商人，前者仍在将大量的威士忌商业化，后者则购买桶以便他们可以将自己品牌的威士忌灌入。他们的仓库里逐渐堆满了大量的桶，他们的生意开始增长：卡登海德（Cadenhead）公司成立于1842年，戈登和麦克费尔（Gordon & MacPhail）公司成立于1895年（最开始它只是一家杂货店），这只是这些公司中的两家，直到今天还在经营。第二次世界大战之后，广泛存在着不同寻常的稀有产品，而且这些产品经过了长时间的陈酿，这时买家出现了。经纪人和交易员主要从事购买股票，而买家则利用大量的桶来选择最好的，然后签字。这导致出现了小批量和“签名”的瓶子。多亏了森莫路尼（Samaroli）、英特揣德（Intertrade）、吉亚科莫（Giaccone）、塞斯坦蒂（Sestante）、里纳尔蒂（Rinaldi）和乔维内蒂（Giovinetti）等，意大利一直处于买家和进口商的前列。由于这一点，世界的收藏在意大利发展得益于诸如扎加蒂（Zagatti）、贾科内（Giaccone）、卡萨里（Casari）、贝格诺尼（Begnoni）和德安布罗西奥（D'Ambrosio）等。这些独立人物在苏格兰威士忌发展过程中起着决定性的重要作用，许多单一麦芽威士忌，其中一些属于已经关闭了几十年的酿酒厂，是众所周知的，并一直存活到今天的，这得益于这些人和公司的伟大工作。只有一个原因，为什么买家的威士忌没有包括在这本书中：除了一些例外，他们经常是小批量出售的限量版，而且往往很快从货架上消失。

威士忌和虚假的神话

威士忌的历史充满了陈词滥调、传说，甚至可以说它只是过去的遗产，在这个快速变化的世界里已经过时了。威士忌本身作为一种传统产品，在过去的几十年里也发生了巨大的变化，曾经有效的一般规则，现在已经没有那么明确的界限了。

它越老越好?

尽管长的陈酿期不能保证质量，但由于其稀有性，它们也确实影响了价格。在陈酿过程中，威士忌从木头中提取物质，并测量其酒精含量的减少，这部分被称为“天使之份”。如果这两个过程过度发展，威士忌可能会失去原有的品质，特别是在口感上：木材可能会变得过于强烈，产生苦味，也会增加单宁的涩味。泥煤威士忌失去了它们的新鲜度，它们特有的泥煤气味减弱了：泥煤威士忌在8～12年的时候，泥煤气味达到了它们的顶峰。

威士忌很贵?

你可以花几十美元买到一瓶上好的威士忌，这本书中的许多标签之所以被选中并不是巧合，因为它们很容易获得。如果储存得当，一瓶酒可以在家里放几个月，而一杯酒只需要几美元。如果你出去，不一定要去一个专门的酒吧，用很少的钱，你可以得到巨大的满足感。

颜色越深，味道越好?

蒸馏酒、葡萄酒和啤酒的颜色对消费者的选择有很大的影响。深色给消费者留下了深刻的印象，触发了联觉，使他或她联想到长时间的陈酿和充满了决定蒸馏酒香气的酒桶。由于晚餐后威士忌通常被用作消化剂，一种深色蒸馏酒被认为更具饱满感和持久性，是一种完美的冥想饮料。颜色当然是陈酿桶的一个标志，但它往往是误导。在中国台湾热带气候条件下酿造的威士忌，比在苏格兰寒冷潮湿的气候条件下酿造的威士忌，颜色要深得多。此前用于佩德罗·希梅内斯雪莉酒（Pedro Ximenez Sherry）的酒桶呈现出近乎桃花心木的色泽，而成熟的波旁威士忌则呈现出深金黄色调。使用焦糖色素获得的“人工”颜色，对于某些类型的威士忌是允许的，也必须加以考虑。

所有的苏格兰威士忌都是具有泥煤味的?

如果是在20世纪60年代，这种假设可能是有根据的。泥煤在制麦过程中被广泛使用，许多威士忌往往有泥煤的副作用。随着制麦芽工业化的到来和生产技术的改进，泥煤现在只是用在你想要的地方，当它在使用的时候，它的作用也被看得更清楚。只有少数酿酒厂继续生产泥煤味威士忌，它们只占市场的一小部分，不到总量的10%。因此，泥煤味是一个例外。

没有泥煤味的爱尔兰威士忌?

这种信念源于爱尔兰威士忌历史的演变，但在它重生后，有许多爱尔兰威士忌的表达方式，可以很容易地与一些最著名的泥煤味苏格兰威士忌交流。一个例子是库利酒厂，它生产康奈马拉（Connemara）品牌。

切勿加水或冰块饮用?

由于严格的规章制度，威士忌通常被认为是“鉴赏家”的蒸馏酒。当然，如何做出完美的酒是有规则的：玻璃杯的选择，服务的温度和伴随的水。玻璃杯对于充分欣赏威士忌来说是一个糟糕的杯子。冰使其味道和香气变淡。然而，如果在炎热的夏天，你想在一杯上好的波旁威士忌里加一点冰块，也许还可以加一点苏打水，然后放在低口酒杯里，为什么不呢？或者来点日本威士忌加苏打水的高杯威士忌如何？这本书中的鸡尾酒配方肯定会帮助你发现一个完全不同于你一直想象的世界。

BenRiach
KILKERRAN
GLENGYLE
70cl
MALT
KOVAL
SINGLE BARREL
WHISKEY
Four Grain
DISTILLED IN CHICAGO
47% vol 500ML
NIKKA
COFFEY MALT
WHISKY
NIKKA
COFFEY MALT
WHISKY
PRODUCED BY THE NIKKA WHISKY
DISTILLING CO., LTD., JAPAN
カフェモルト
alc.45%
NIKKAWHISKY
ウイスキー

在40种威士忌中环游世界

Around the World in 40 Whiskeys

威士忌有很多种类，根据成分和生产过程的不同而不同，甚至当他们被严格的产品规格定义时，最终的结果也可能是非常不同的。

在这本书中选择不同品牌，除了强调不同之处，目的是涵盖最广泛的类型的威士忌。

这些品牌威士忌被分成三类，分别关注原料的特性，蒸馏和陈酿。在每个类别中，威士忌按原产国分组。

原料

本利亚克酷睿西塔斯10年（BenRiach Curiositas 10）

秋克仁12年（Kilkerran 12）

齐侯门100%艾雷岛第八版［Kilchoman 100% Islay（8th edition）］

高原骑士10年维京之痕（Highland Park 10 Old Viking Scars）

本尼维斯10年（Ben Nevis 10）

布赫拉迪比尔大麦2009年（Bruichladdich Bere Barley 2009）

绿点单一麦芽壶式蒸馏威士忌（Green Spot Single Pot Still）

康尼马拉12年（Connemara 12）

寡妇简纯波旁威士忌（Widow Jane Straight Bourbon）

科沃四重奏（Koval Four Grain）

索诺玛第二机遇小麦威士忌（Sonoma 2nd Chance Wheat）

四玫瑰单桶（Four Roses Single Barrel）

马斯特森10年纯黑麦威士忌（Masterson's 10 Years Old Straight Rye）

秩父地板麦芽（Chichibu The Floor Malted）

埃德杜银标（Eddu Silver）

西羚单一麦芽（Slyrs Single Malt）

生产威士忌的三种主要原料：水、谷物和酵母。威士忌在大部分的旅程中都沿着和啤酒一样的轨迹前进，共享部分原料和生产过程，直到它转向并走上自己的道路。

水

这是酒的主要成分，并在整个酿酒过程中使用。但随着酵母菌和谷物的现代化和改良，水的独特组成和特性逐渐失去了重要性。当然，也有一些威士忌的特性来自于水，或者来自于它的起源，例如，寡妇简（Widow Jane）威士忌使用来自寡妇简矿（Widow Jane Mine）的水，泰斯卡（Talisker）威士忌从斯凯岛的泉水中获得它的美味，但是一般来说一个酿酒厂需要使用一个全年丰富可用的泉水。一家酿酒厂没有水就不能生产，所有现代的酿酒厂都通过努力不浪费水来改进酿酒过程。正如古老的苏格兰谚语所说，“今天的雨水是明天的威士忌”。

酵母

在生产过程中，酵母作为真菌王国的一部分，也许是非专家认为的最不为人知的成分之一。从某些方面来说，这是一个悖论，因为没有酵母就不能生产饮用酒精。如果我们认为在啤酒生产过程中，酵母在决定最终产品的芳香度方面起着核心作用，那么这种想法就更加荒谬了。随着知识水平的提高和对更高产量（衡量每吨谷物无水酒精含量的指标）的探索，酵母逐渐被专门化。

许多酿酒厂使用专门用于蒸馏的酵母菌株。还有一些酿酒厂仍然忠实于使用啤酒酵母，比如本尼维斯酒厂或者自己培育酵母的酿酒厂。事实上，酵母“吃”了糖，并将其转化为酒精和二氧化碳。

谷物

谷物为酵母提供“燃料”和食物。不属于禾本科但具有所有相同特性的植物假谷物也被允许使用，例如，埃杜·布列塔尼（Eddu Breton）威士忌就使用荞麦。大麦被认为是主要的谷物，其中一个原因是它比玉米更容易被麦芽化。正是因为这个原因，我们在谈论麦芽威士忌时提到大麦麦芽。

威士忌实际上是一种经过蒸馏的啤酒。因此，第一阶段包括从谷物中发现的天然淀粉制造出甜味麦芽汁。由于酵母不能代谢复合糖，淀粉必须转化为单糖才能用于发酵。

因此，要开始发酵过程，谷物混合物必须含有麦芽，麦芽能激活谷物中自然产生的酶。麦芽是通过一个完全自然的过程获得的，这个过程发生在谷粒内部，激活发芽。谷物是湿的，植物开始发育时，促进淀粉转化为麦芽糖。可以加入酶以促进这一过程，虽然这种做法在生产苏格兰威士忌中是禁止的，因此只有麦芽谷物中自然产生的酶可以利用。

麦芽可以用传统方式生产，如百富（Balvenie）、高原骑士（Highland Park）、云顶（Springbank）、鲍莫尔（Bowmore）和拉弗格（Laphroaig）等一些酿酒厂，或其他工业工厂，仍然是这种情况。

芽制作发生在麦芽地板上。大麦
续翻动几天，这个阶段需要大量
的萌发和淀粉转化为麦芽糖。几
板上，热空气通过，阻碍发芽和
阶段，可以将湿麦芽注入泥煤烟
其具有最终在瓶中发现的烟熏味
万分之一（ppm）的酚值来表示。
样的，但是在麦芽层上转动大麦
由巨大的旋转金属圆筒来完成的
发芽大麦，但也有各种各样的威
忌的原料主要有玉米（51% ~ 75%
黑麦，小麦威士忌的原料主要为小
的另一个方面是寻求更高的生产
任何来源标识的匿名成分，往往
祖传谷物。近年来，这种同质化
使用被抛弃的谷物品种或促进谷
一，例如科瓦尔（Koval）和寡妇筒
机谷物，而斯莱尔（Slyrs）酿酒
为生产单一麦芽威士忌的谷物。

ESTABLISHED 1898
THE BENRIACH
BENRIACH FLOOR MALTINGS
CURIOSITAS
BENRIACH
ESTABLISHED 1898
THE BENRIACH
FROM THE HEART OF SPEYSIDE
AGED 10 YEARS
BENRIACH 1898 DISTILLERY
MOST WHISKIES ACHIEVE LIGHT PEATING THROUGH THE WATER SOURCE; BENRIACH CURIOSITAS ADDITIONALLY ENHANCES THE PEAT RICHNESS THROUGH THE USE OF MALTED BARLEY DRIED IN THE TRADITIONAL WAY OVER PEAT INFUSED KILNS, AND AS SUCH IS PARTICULARLY UNUSUAL FOR A SPEYSIDE MALT.
46%vol
DISTILLED & BOTTLED IN SCOTLAND
BENRIACH DISTILLERY Co., MORAYSHIRE, IV30 8SJ
70cl℮

本利亚克酷睿西塔斯10年

（BenRiach Curiositas 10）

特点：斯佩赛德（Speyside）泥煤味。

原产国：苏格兰（斯佩赛德）
类型学：单一麦芽苏格兰威士忌
生产商：本利亚克（BenRiach）蒸馏厂
生产过程：使用铜制蒸馏器二次蒸馏
酒精度：46%
容量：70 cl

本利亚克酿酒厂位于朗摩（Longmorn），在斯佩赛德地区的中心地带，由约翰·达夫（John Duff）于1898年创立。仅仅3年后，它就关闭了，直到1965年才重新开放。多年来，它一直处于阴影之中，几乎只生产混合威士忌。2004年，它被南非集团英特拉贸易公司（Intra Trading）收购，由于在芝华士兄弟和伯恩斯图尔特（Burn Stewart）酿酒厂有多年的工作经验的比利·沃克（Billy Walker）的决定性贡献，本利亚克开始商业化运作单一麦芽威士忌，创造了多种多样的产品。这家酿酒厂在1998年停产，几年后，重新开始生产自己的地板麦芽酒，尽管只是偶尔生产。

该公司只将其一小部分的生产力用于生产泥煤含量为35ppm的麦芽威士忌，这一做法始于1983年。酷睿西塔斯10年（Curiositas 10）的外观与它在艾雷岛（Islay）的同类产品截然不同，因为斯佩赛德泥煤给予威士忌更多的植物气息而减少了海洋元素。因此，它为市场上的许多其他泥煤味威士忌树立了一个极好的基准，保持了年轻的泥煤味威士忌的持续新鲜，而没有像乐加维林（Lagavulin）威士忌那样的海味。

品鉴记录

香气：青草和烟味，伴有杏仁糖和蜂蜜的香味

口感：谷物味，糖果味，坚果味，胡椒味，草和烧焦的木头的味道

余味：木质味，新鲜和青草味

秋克仁12年

（Kilkerran 12）

特点：地板麦芽。

原产国：苏格兰（坎贝尔敦）
类型：苏格兰单一麦芽威士忌
生产商：格兰盖尔（Glengyle）蒸馏厂
生产过程：使用铜制蒸馏器二次蒸馏
酒精度：46%
容量：70 cl

苏格兰的威士忌生产区现在有点过时，但他们仍然是一个优秀的营销工具和宣传窗口。21世纪初，坎贝尔敦（Campbeltown）只有两家活跃的酿酒厂：云顶（Springbank）和格兰斯柯蒂亚（Glen Scotia）。定义产品规格的苏格兰威士忌协会建议将坎贝尔敦从苏格兰威士忌产区的名单中删除，因为当时这个地区还有几十个酿酒厂。米切尔（Mitchell）家族是云顶（Springbank）的所有者，他们决定恢复该地区一家自1925年以来一直关闭的老酿酒厂的名字和建筑，投资了超过400万英镑，从而使坎贝尔敦的酿酒厂数量达到了与低地产区（Lowlands）相当的3倍，使该地区免于被从名单上除名的耻辱。这个建筑项目完全委托给了前酿酒大师弗兰克·麦卡迪（Frank McHardy）。格兰盖尔（Glengyle）酒厂于2004年开始生产，单一麦芽威士忌以坎贝尔敦的原名秋克仁（Kilkerran）发布，因为格兰盖尔（Glengyle）品牌属于另一家酿酒厂。这家酿酒厂由云顶酒厂的工人经营。

这款12年陈酿的威士忌是该公司推出的第一款威士忌，由附近的云顶酿酒厂生产的地板麦芽酿制而成。该酒为轻度泥煤酒，非冷冻过滤，其熟成过程采用的木桶主要为波旁桶（70%）和雪利桶（30%）。

品鉴记录

香气：熏肉味，烟灰味，泥煤和海洋气息
口感：盐味，苏丹娜葡萄味，蜂蜜味，生姜味
余味：回味悠长，带有泥土的辛辣和烟熏味

KILKERRAN
GLENGYLE

齐侯门
100%艾雷
岛第八版
[Kilchoman 100%
slay（8th edition）]
KILCHOMAN DISTILLERY
UNIQUELY ISLAY
KILCHOMAN
Islay's Farm Distillery
THE 8TH EDITION
2018
12,000
100% ISLAY
DISTILLED, MATURED AND BOTTLED BY KILCHOMAN DISTILLERY
50% alc./vol.

特点：农场酿酒厂，泥煤烘烤，地板麦芽，使用当地谷物，长时间发酵。

原产国：苏格兰（艾雷岛）
类型：苏格兰单一麦芽威士忌
生产商：齐侯门酿酒厂
生产过程：使用铜制蒸馏器二次蒸馏
酒精度：50%
容量：70 cl

齐侯门（Kilchoman）酒厂于2005年年底落成，距离最后一家酿酒厂在艾雷岛开业已有120多年。

齐侯门（Kilchoman）是苏格兰一家相当独特的农场酿酒厂。它坐落在洛克赛德（Rockside）农场，周围是大麦田，2018年扩建了麦芽地板，将其用作部分生产用途。这家酿酒厂并不直接面向大海，尽管它的威士忌很大程度上受距离西海岸只有几百米的大西洋的影响。自开业以来，这家酿酒厂的目标一直是生产尽可能与艾雷岛联系在一起的单一麦芽威士忌。大部分大麦来自与酿酒厂毗邻的田地，这种联系在2015年得到了加强，当时齐侯门（Kilchoman）宣布，它已收购了洛克赛德（Rockside）所有的农场。

100%艾雷是这种农业精神的最大体现：100%地方化，从田地到装瓶，每年限量发售。第一版可以追溯到2011年。齐侯门（Kilchoman）的常规威士忌是用波特艾伦港（Port Ellen Maltings）的麦芽制成的，泥煤含量为50ppm，而用地板麦芽制成的威士忌含量约为20ppm。第八版用23桶波旁桶和7桶奥洛索（Oloroso）雪利桶装桶，这些酒在2008～2012年装瓶，总共发行了12000瓶。它既不是人工着色的，也不是冷过滤的。

品鉴记录（第八版）
香气：香料，木头，烟熏味
口感：柠檬味，香草味，可可味，烤肉味，坚果味
余味：蜂蜜味，香料味，烟熏味

HIGHLAND
PARK 10
YEAR OLD
VIKING SCARS
SINGLE MALT SCOTCH WHISKY alc.40%vol. 700ml

高原骑士10年维京之痕

（Highland Park 10 Old Viking Scars）

特点：泥煤味，地板麦芽。

原产国：苏格兰（高地）
类型：苏格兰单一麦芽威士忌
生产商：高原骑士酿酒厂
生产过程：使用铜制蒸馏器二次蒸馏
酒精度：40%
容量：70 cl

高原骑士（Highland Park）酒厂位于奥克尼群岛（Orkney Islands），成立于1798年，是仅存的几个使用地板麦芽的酿酒厂之一，尽管它只能自给自足30%左右，并从大规模工业麦芽中购买大部分麦芽。酿酒厂使用的所有大麦泥煤都是利用奥克尼泥煤就地生产的。虽然它是一个岛属泥煤，但它与艾雷岛完全不同，有着更加土壤化和甜美的气息。这种泥煤是从深达4米的泥煤层中挖掘出来的，有数千年的历史，而且比同类泥煤层更加致密，含油量也更低。

高原骑士（Highland Park）有五个麦芽层，在泥煤火上烘干湿麦芽长达18个小时，然后在煤炭火上烘干。麦芽的泥煤味含量达到35 / 40ppm，然后与从外部供应商购买的未经处理的麦芽混合，最后泥煤味大约达到10ppm。

这种10年陈酿的威士忌，像其他许多酿酒厂的威士忌一样，向深受这些岛屿影响的“维京”威士忌世界致敬，完美地表达了这种产品的精神，拥有圆润而不过于浓郁的烟熏味道。陈酿过程完全发生在雪莉酒桶中，是这家酿酒厂的独特特征之一。

品鉴记录
香气：柑橘类水果味，石南花味，泥土和海洋气息
口感：有柑橘，香草，香料和辛辣的味道
余味：海盐，香料和一点碘的味道

BEN NEVIS
MACDONALD'S
BEN NEVIS
Ten Years Old
Highland Single Malt
Scotch Whisky

ESTABLISHED
1825
PRODUCT OF
SCOTLAND

TRADE
MARK
AGED
10
YEARS
BEN NEVIS DISTILLERY (FORT WILLIAM) LIMITED
LOCHY BRIDGE, FORT WILLIAM PH33 6TJ, SCOTLAND
70cl
DISTILLED & BOTTLED IN SCOTLAND
46%vol

本尼维斯10年

（Ben Nevis 10）

特点：使用啤酒酵母，发酵时间长。

原产国：苏格兰（高地）
类型：苏格兰单一麦芽威士忌
生产商：本尼维斯酿酒厂
生产过程：使用铜制蒸馏器二次蒸馏
酒精度：46%
容量：70 cl

1825年，“高个子”约翰·麦克唐纳（Long John McDonald）为他的酿酒厂本尼维斯（Ben Nevis）申请了营业执照。本尼维斯位于威廉堡（Fort William）的郊区，靠近英国最高的山峰——本尼维斯山（Ben Nevis），海拔1344米至1345米。19世纪末，本尼维斯（Ben Nevis）的修长约翰之露（Long John’s Dew）调合威士忌是一个知名品牌，其知名度如此之高，以至于建立了第二家酿酒厂——尼维斯（Nevis），尽管该厂于1908年就关闭了。1955年，科菲蒸馏器仍然被引进，使本尼维斯成为苏格兰第一家既能蒸馏谷物又能蒸馏威士忌的酿酒厂。与其他酿酒厂不同，霍布斯（Hobbs，加拿大企业家，收购了本尼维斯酿酒厂）开始将麦芽威士忌和谷物威士忌放在一起陈酿，在放入桶中之前将它们混合。科菲蒸馏器仍然使用了26年之久。1989年，日本尼克卡（Nikka）公司收购了这家酿酒厂，该公司多年来一直购买本尼维斯威士忌用于混合酒中。

这款10年陈酿的威士忌是1996年第一款贴上酿酒厂标签的威士忌，波旁桶和雪利桶的混合酒桶赋予了它极大的复杂性。这种威士忌的品质和独特的性质来自于本尼维斯特别重视发酵的原因。在微型酿酒厂出现之前，本尼维斯是苏格兰最后一家使用啤酒酵母而不是更“现代”的酿酒酵母的酿酒厂，后者利润更高。这种特殊的酵母，加上极长的发酵时间，使本尼维斯威士忌具有广泛的香气和风味。

品鉴记录
香气：水果味，橘皮马末兰果酱味，坚果味
口感：香甜，有红色水果，太妃糖，奶油，烟熏的味道
余味：少许咖啡和巧克力味

布赫拉迪比尔大麦2009年

（Bruichladdich Bere Barley 2009）

特点：来自艾雷的无泥煤味威士忌，使用古老的大麦。

原产国：苏格兰（高地）
类型：苏格兰单一麦芽威士忌
生产商：布赫拉迪（Bruichladdich）酒厂
生产过程：使用铜制蒸馏器二次蒸馏
酒精度：46%
容量：70 cl

布赫拉迪（Bruichladdich）酒厂成立于1881年，尽管和许多其他酿酒厂一样遭受了巨大的损失，几次关闭，直到2000年才重新开业。在经历了多年的痛苦和忽视之后，布赫拉迪（Bruichladdich）将它的重生归功于以吉姆·麦克尤恩（Jim McEwan）为首的一群投资者。麦克尤恩在波摩（Bowmore）工作了一辈子后，决定自立门户，重新开设酿酒厂。其营销策略和现代方法，如酿酒厂的座右铭“进步的布里底酿酒厂”所述，并把它放在聚光灯下。12年后，布赫拉迪（Bruichladdich）开始盈利，并以很高的价格卖给了人头马君度（the Rémy Cointreau group）集团。这家酿酒厂一直以其优雅、独特的威士忌而著称，这一特色一直得到保持，尽管现在通过对不同类型的桶进行试验而生产新型威士忌，以及引入了包装在奥克托莫（Octomore）和波特夏洛特（Port Charlotte）品牌下的泥煤味威士忌。布赫拉迪（Bruichladdich）仍然代表着艾雷的灵魂，为许多人提供工作：它是第一个信任当地大麦的酒厂，并对增加耕地数量做出了决定性的贡献。事实上，为了促进土地的利用，它生产威士忌时选用当地农场的大麦或古老大麦，如以其命名的贝尔（Bere）农场。是什么让贝尔（Bere）与众不同？根据穗上籽粒的棱数，大麦通常分为两棱和六棱。二棱大麦蛋白质含量较低，糖含量较高，因此酒精产量较高。贝尔（Bere）是一种古老的六棱大麦，据推测在9世纪被北方人引进到奥克尼（Orkneys）群岛，后逐渐被放弃，为更有利可图的混合杂交谷物留下了空间。2009年公布的大麦来自奥克尼（Orkneys）群岛上的威兰（Weyland）、沃特斯菲尔德（Watersfield）、里士满村（Richmond Villa）、奎伯斯坦（Quoyberstane）和诺斯菲尔德（Northfield）等农场。

品鉴记录
香气：花香、香草味、麦芽和木头的香气
口感：柑橘味、奶油味、香草味、饼干味
余味：青草味、奶油味和柑橘味

GREEN SPOT
Single Pot Still Irish Whiskey
TRIPLE DISTILLED IRISH WHISKEY
FROM A TRADITION DATING TO 1805, COMES THE INSPIRATION
FOR GREEN SPOT SINGLE POT STILL IRISH WHISKEY
Triple distilled, matured and bottled for
& SON
Est'd 1805
FINE WINES & SPIRITS, DUBLIN
700ml e
PRODUCT OF IRELAND
40% vol

绿点单一麦芽壶式蒸馏威士忌

（Green Spot Single Pot Still）

特点：使用了未发芽的大麦。

原产国：爱尔兰
类型：爱尔兰单一麦芽壶式蒸馏威士忌
生产商：新米德尔顿（New Midleton）酿酒厂
生产过程：使用铜制蒸馏器二次蒸馏
酒精度：40%
容量：70 cl

区别爱尔兰威士忌和苏格兰威士忌的主要特征之一是爱尔兰纯正的壶式威士忌的风格，这种威士忌混合了发芽大麦和未发芽大麦。那么，这个选择背后的原因是什么呢？在19世纪的前20年，大英帝国征收的高额税收使合法酿酒厂的数量急剧减少到20家左右。由于税收特别影响到大麦麦芽，蒸馏酒商决定将一部分未经麦芽的大麦纳入麦芽浆账单。由于未经发芽的大麦赋予了蒸馏酒一种特殊的香味，所以这个实验是成功的。绿点（Green Spot）是由新米德尔顿（New Midleton）大型酿酒厂生产的，在很久以前，它是在都柏林的米切尔杂货店（Mitchell grocery store）销售的。绿点威士忌是一种没有年龄限制的威士忌，不过它所含的威士忌年龄在7～9岁，是由25%的雪莉酒桶和75%的波旁酒桶混合熟成的。

品鉴记录
香气：谷物味，香草味，热带水果味
口感：香草味，太妃糖味，薄荷味，木头味
余味：有奶油和香料的味道

Connemara®
PEATED SINGLE MALT
IRISH WHISKEY
AGED 12 YEARS

Distilled, Matured and Bottled in Ireland
KILBEGGAN DISTILLING CO™
By Cooley Distillery, Riverstown, Co. Louth.
70cl

康尼马拉12年

（Connemara 12）

特点：泥煤味爱尔兰威士忌。

原产国：爱尔兰
类型：爱尔兰单一麦芽威士忌
生产商：库利（Cooley）酒厂

生产过程：使用铜制蒸馏器二次蒸馏
酒精度：40%
容量：70 cl

人们相信所有的爱尔兰威士忌都是纯正的，这源于它痛苦的历史，在它重生之前几乎没有幸存者。新米德尔顿（New Midleton）酿酒厂生产的所有品牌都没有使用泥煤。帝霖（Teeling）家族花了2年时间，才把一家废弃的马铃薯酒厂改造成库利酿酒厂（Cooley Distillery），并于1987年开业，它在绿宝石岛（The Emerald Isle）威士忌的复兴中扮演了重要角色。这家酿酒厂以劳斯郡（County Louth）附近同名的半岛和山脉命名。1992年，它创造了第一个单一麦芽威士忌——洛克（Locke）威士忌，2011年，占边（Beam）收购了这家酿酒厂，后来成为占边三得利（Beam Suntory）。

康尼马拉是由同一家酿酒厂生产的品牌之一，以戈尔韦郡（County Galway）西部著名地区命名，该酒厂还生产泰康奈尔单一麦芽（Tyrconnel Single Malt）威士忌和格林诺单一谷物（Greenore Single Grain）威士忌［后改名为基尔伯根单一谷物（kilbegan Single Grain）威士忌］。康尼马拉12年的烟熏和海洋特征与它的几个苏格兰岛屿同类产品的风味非常相似。

品鉴记录
香气：香料味、香草味、柑橘类水果味、谷物味、烟味
口感：柠檬味，奶油味，大黄和苹果的味道
余味：干，甜和烟熏味

CASK
WIDOW JANE
STRAIGHT BOURBON WHISKEY
AGED 10 YEARS IN AMERICAN OAK
PURE LIMESTONE MINERAL WATER
FROM THE WIDOW JANE MINE - ROSENDALE, NY
1090 BARREL #
148 BOTTLE #
2016 DATE
700ML 57% ALC/VOL (114 PROOF)

妇简纯波旁威士

idow Jane Straight Bourbo

特点：水，谷物。

国
旁威士忌
妇简（Widow Jane）酿酒厂

生产过程：使用铜制蒸
酒精度：45.5%
容量：70 cl

位于后工业时代的雷德胡克区（Red Hook），在
是，它与有机巧克力工厂可可普列托（Cacao Prie
家工厂恰好拥有同一个主人。生产是基于使用有
简”（Baby Jane）玉米，这是由该酿酒厂通过本
lue）墨西哥玉米杂交育种生产的玉米。寡妇简是
的材料被用于建造标志性建筑，如白宫、自由女
国大厦。该矿最初的名字是罗森达尔石灰石矿，
耐德（A.J. Snyder）被认为是一个专制的雇主和一
的妻子简在社区里很受欢迎，当她的丈夫去世时
简矿场”。酿酒厂生产威士忌所用的水正是来自
过滤作用，其矿物质含量极高。这家酿酒厂于201
部分商业化的威士忌是在这里生产的。寡妇简纯
，是一个具有10年历史的单桶波旁威士忌，是在
国从另一个生产商采购再加以改造，这是一个非常

品鉴记录

香气：柑橘类水果味，太妃糖味，焦糖味，糕点奶油味

口感：奶油状，有樱桃、木头、橙子、香草和香料的味道

余味：柑橘果冻和香料味

KOVAL
SINGLE BARREL
WHISKEY
Four Grain
DISTILLED IN CHICAGO
47% vol 500ML

科沃四重奏

（Koval Four Grain）

特点：有机谷物，单桶，114升（30加仑）桶。

原产国：美国
类型：单桶威士忌
生产商：科沃（Koval）蒸馏厂
生产过程：使用铜制蒸馏器间断式蒸馏
酒精度：47%
容量：50 cl

科沃酿酒厂位于芝加哥北部郊区。尽管科沃酒厂成立于2008年，但他为美国蒸馏工艺的迅速发展做出了根本性的贡献。创始人罗伯特·伯内克（Robert Birnecker）和索纳特·伯内克（Sonat Birnecker）夫妇放弃了他们的学术生涯，开创了芝加哥自19世纪中叶以来的第一家酿酒厂。他们有一个明确的目标：生产有机威士忌，而不从其他生产商那里购买蒸馏酒。它得到了极其正面的评价，项目获得了压倒性的成功，并获得了各种奖项。罗伯特·伯内克是美国最有经验的酿酒师之一，他为亲自培训超过2500名有抱负的酿酒师做出了贡献，并在美国和加拿大创建了大约100个手工酿酒厂。

科沃的威士忌不同寻常，因为它们都是单桶的，在114升（30加仑）新的美国明尼苏达州烧焦的橡木桶中陈酿2～4年，符合波旁威士忌的产品规格。每个瓶子都标明了酒桶的编号，这使得追溯每瓶威士忌的整个历史成为可能。它用不寻常的玉米和小米混合而成制作波旁威士忌，再加入100%黑麦威士忌，100%小麦威士忌，这两种稀有威士忌都分别添加了100%小米和100%燕麦；此外还加入了100%黑麦私酿威士忌。

四重奏威士忌（Four Grain whiskey）是在烧焦得厉害的114升（30加仑）小桶中陈酿而成的，也许是这家酿酒厂最著名的作品，也是唯一一款只用麦芽谷物（燕麦、大麦麦芽、黑麦和小麦）酿造的威士忌，显示出苏格兰的特色。

品鉴记录
香气：香蕉味，饼干味
口感：香草味，苹果派味，奶油和辛辣味
余味：木头味，肉桂味

SONOMA COUNTY
EST. 2010
DISTILLING CO.
2nd
CHANCE
WHEAT
70 CL
DOUBLE ALEMBIC POT DISTILLED
ALCOHOL 49% BY VOLUME [98 PROOF]

索诺玛第二机遇小麦威士忌

(Sonoma 2nd Chance Wheat)

特点：以小麦谷物为主，直接用火加热蒸馏器，逐渐稀释，小桶。

原产国：美国	生产过程：使用铜制蒸馏器间断式二次蒸馏
类型：美国威士忌	酒精度：47.1%
生产商：索诺玛酒厂	容量：70 cl

与毗邻的纳帕谷一样，索诺玛（Sonoma）主要以其葡萄园而闻名。酿酒厂的创始人亚当·斯皮格尔（Adam Spiegel）确信他的威士忌的质量很大程度上取决于使该地区的葡萄酒如此成功的同样的气候条件。距离仅12英里远的海洋，在温度和湿度的变化之间起着完美的平衡作用。

这家酿酒厂成立于2010年，斯皮格尔一度得到了休伯特·杰曼·罗宾（Hubert Germain Robin）的宝贵帮助和咨询。休伯特·杰曼·罗宾是干邑本地人，据一些人说，他是加利福尼亚最好的白兰地生产商。干邑的影响可以从葡萄牙和西班牙起源的白兰地间断蒸馏酒中看出，这种蒸馏酒除了两次蒸馏之外，与更现代的蒸馏酒相比，产量要低得多。一般来说，威士忌在57升、114升和200升（15加仑、30加仑和53加仑）的新桶中陈酿，然后在“老旧的木桶”中完成陈酿。在装瓶前的最后一个阶段可以发现法国对威士忌的影响：水被逐渐加入以降低威士忌的浓度，从而避免一次性加入形成最后的冲击。

第二次机遇（2nd Chance）是由未经发芽的小麦和黑麦麦芽混合制成的。这被称为“第二次机遇”，因为黑麦和波旁酒桶被给予了第二次机遇来陈酿威士忌。欧洲的标签没有提到“威士忌”这个词，因为它不符合三年的最低陈酿要求。

品鉴记录

香气：焦糖，香料味，木头味

口感：谷粒味，焦糖味，黑胡椒味，柠檬味，太妃糖味

余味：焦糖味，葡萄干味，香料味

URBON WHISKEY
SB
Four Roses
SINGLE BARREL
Kentucky Straight Bourbon Whiskey
Distilled and Aged by Four Roses Distillery LLC
Lawrenceburg, Kentucky
70cl e
50% vol
Warehouse No.
Barrel No.
MW
48-4A

四玫瑰单桶

（Four Roses Single Barrel）

特点：使用5种不同的酵母，还有2种独一无二的麦芽浆。

原产国：美国
类型：波旁威士忌
生产商：四玫瑰（Four Roses）酒厂
生产过程：使用铜制蒸馏器二次蒸馏
酒精度：30%
容量：70 cl

四玫瑰生产的每一桶威士忌都是一个惊喜。四玫瑰酒厂实际上是唯一一家将5种专有酵母菌株与2种独立的麦芽浆结合在一起的酿酒厂。一种是60%的玉米，另一种是75%的玉米，在同一株植物中生产10种不同的波旁威士忌配方。酵母以字母 v、k、o、q和 f 表示，而 a 和 b 则表示麦芽浆。酿酒厂的标准产品是由这些配方组合而成，而每一桶威士忌只包含一种波旁威士忌，因此尝试它们可能是有趣的。四玫瑰采用了柱式蒸馏器和壶式蒸馏器相结合的方法，第一次蒸馏可以得到约66%的酒精浓度，而壶式蒸馏器则可以提纯蒸馏酒，将酒精浓度提高到约70%。

品鉴记录
香气：焦糖味，香草味，枫糖味
口感：有焦糖和薄荷的甜味
余味：辛辣而甜美

MASTERSON'S
10-YEAR-OLD
STRAIGHT RYE WHISKEY
Enshrined within, 100% rye
whiskey deemed to be as rare
as the man himself!
Gambler, buffalo hunter, Army
scout, gunfighter and newspaper-
man, William "Bat" Masterson
did it all and did it well. And
what better way to honor such
a rarefied man than with a truly
exceptional whiskey. Crafted by
artisans, distilled in a pot still
and aged in white-oak casks for
just over 10 years, it's the kind
that Bat would've surely

马斯特森10年纯黑麦威士忌

（Masterson's 10 Years Old Straight Rye）

特点：100%黑麦谷物。

原产国：加拿大
类型：纯黑麦威士忌
生产商：阿尔伯塔（Alberta）酒厂
生产过程：使用铜制蒸馏器间断式蒸馏
酒精度：45%
容量：70 cl

这是一瓶纪念一个非典型的西部传奇人物的酒。威廉·巴克利·巴特·马斯特森（William Barclay 'Bat' Masterson）在19世纪到20世纪期间是一名治安官，他一生都在马背上抓捕危险的强盗，除此之外，标签上写着："赌徒、水牛猎人、陆军侦察兵、枪手和新闻记者，威廉·巴特·马斯特森（William Bat Masterson）做到了这一切，而且做得很好。"

马斯特森的品牌属于德意志家族，德意志家族是美国一家重要的葡萄酒生产商，然而这种威士忌是由加拿大卡尔加里的阿尔伯塔酿酒厂生产的，该厂成立于1946年。这家酿酒厂专门生产黑麦威士忌，向许多美国和加拿大公司供应其蒸馏酒。这种威士忌是用来自太平洋西北部的黑麦谷物生产的，并且是小批量投放到市场的。

品鉴记录
香气：烤木味，胡椒味，谷物味，可可味
口感：烟草味，焦糖味，椰子味，香料味
余味：姜味，辛辣味

Ichiro's Malt
CHICHIBU
Japanese Single Malt Whisky
THE FLOOR MALTED
Distilled 2009 Bottled 2012
秩父
Bottle # 7210/8800

秩父地板麦芽

（Chichibu The Floor Malted）

特点：发酵时间长，大麦地板麦芽。

原产国：日本	生产过程：使用铜制蒸馏器二次蒸馏
类型：日本单一麦芽威士忌	酒精度：58.5%
生产商：秩父（Chichibu）酒厂	容量：70 cl

秩父酒厂位于埼玉县（Saitama）的同名小镇（秩父市）附近，距离东京以西约62英里。这家酿酒厂位于气温变化极大的森林山区：冬天几乎总是在零度以下，而夏天通常在30摄氏度（86华氏度）以上。这种温度的季节性变化导致了木材和烈性酒体积膨胀和收缩的增加，并保证了“天使的份额”达到3%～4%（大约是苏格兰威士忌的2倍），这意味着它很快就会成熟。该酒厂自2008年9月开始运营，对日本威士忌市场产生了巨大的影响，立即推出了高品质的威士忌，并引入了引人注目的创新。

秩父（Chihibu）正逐渐成为一家自给自足的酿酒厂，拥有自己的麦芽地板，并使用越来越多的本地大麦，其部分生产集中在泥煤味的威士忌上。秩父（Chihibu）地板麦芽是由酿酒厂自己的麦芽制成的，为限量释放，标明了蒸馏年份和装瓶日期。2009年版生产的只有8800瓶，装瓶酒精度在50.5%。

品鉴记录

香气：香草味，蜂蜜味，梨味，苹果味，香料味

口感：谷物味、饼干味、蛋奶沙司味、香草和香料味

余味：柑橘类水果，谷物和香料味

EDDU
WHISKY
PUR BLÉ NOIR
WHISKY
PUR BLÉ NOIR
WHISKY DE BRETAGNE
EDDU
SINGLE DISTILLERY
SILVER
The Original
DOUBLE DISTILLATION
VIEILLI EN FÛT
DE CHÊNE DE FRANCE
70cl
40%Vol.
LE LAY PÈRE & FILS
DISTILLATEURS
À PLOMELIN
DEPUIS 1921
DISTILLERIE
DES MENHIRS
PONT-MENHIR
29700 - PLOMELIN

埃德杜银标

（Eddu Silver）

特点：采用仿谷类谷物，直接用火加热蒸馏器，法国橡木桶陈酿。

原产国：法国
类型：单一谷物威士忌
生产商：巨石酒厂（Distillerie des Menhirs）

生产过程：使用直接用火加热铜制蒸馏器二次蒸馏
酒精度：58.5%
容量：70 cl

位于布列塔尼中心的巨石酒厂（Distillerie des Menhirs）成立于1986年，最初生产苹果酒和兰比格（Lambig）蒸馏苹果酒，一种从苹果酒蒸馏中提取的苹果白兰地。大约10年后，它开始生产威士忌，第一瓶是在2002年装瓶的。该威士忌采用间歇蒸馏法进行二次蒸馏，然后在法国橡木桶中陈酿，

埃德杜银标是由100%的荞麦制成的，其中20%是麦芽。事实上，埃德杜（Eddu）在布列塔尼语（Breton）中的意思是“荞麦”，而且酿酒厂也因使用这种纯粹的仿谷物而闻名。仿谷物是一种非禾本科植物，属于蓼科（Poligonaceae）。

品鉴记录
香气：鲜花味，香草味，坚果味
口感：有香草、木头、坚果的味道
余味：香料和木头味

Whisky Distillery
SLYRS
Single Malt Whisky
C22841
Limited Edition

SLYRS
Bavarian Single Malt Whisky
Single Malt
Whisky
Classic
matured in
new American
oak casks

西羚单一麦芽

（Slyrs Single Malt）

特点：本地大麦，用山毛榉烘干麦芽，用的是新桶。

原产国：德国	容量：70 cl
生产商：西羚酿酒厂	类型：单一麦芽威士忌
酒精度：43%	生产过程：使用铜制蒸馏器二次蒸馏

位于巴伐利亚州的巴伐利亚（Lantenhammera Schliersee）酿酒厂成立于1928年，直到1999年，威士忌开始变得更受欢迎为止，它都以生产白兰地为主。它在2003年被重新更名为“西羚”。这种麦芽由当地的巴伐利亚大麦制成的，是在班伯格斯·佩齐阿尔姆（Bamberger Spezialmälzerei）的韦尔曼（Weyermann）麦芽厂生产的，它在山毛榉木火上烘干，散发出辛辣的味道。蒸馏是在1514升（400加仑）铜制蒸馏器中进行。这家酿酒厂自豪地提高了水的纯度，这些水来自斯里尔塞阿尔卑斯山脉的班瓦尔德克勒（Bannwaldquelle）泉水。

这款年轻的单一麦芽威士忌在美国橡木桶中保存了3年以上：它们仍然是非常活跃的新橡木桶，加速了威士忌的陈酿老化过程。

品鉴记录

香气：谷物味，香草味

口感：谷粒饼干味，水果味，香草味

余味：香料味和烤面包的味道

糖化、发酵和蒸馏

托莫尔16（Tormore 16）

安努克12（anCnoc 12）

欧肯特轩原始橡木桶（Auchentoshan Virgin Oak）

云顶10年（Springbank10）

格文专属蒸馏器N° 4阿普斯（Girvan Patent Still N° 4 Apps）

乐加维林12年，2017限量版（Lagavulin 12，2017）

格伦法克拉斯15（Glenfarclas 15）

尼克卡科菲麦芽（Nikka Coffey Malt）

余市单一麦芽威士忌（Yoichi Single Malt）

格兰阿莫尔单一麦芽威士忌（Glann Ar Mor Single Malt）

这些谷物被储存在大型筒仓中，碾碎后放入一个称为“糖化桶”的大型罐中。在桶中，碾碎的谷粒与热水结合，由巨大的搅拌叶片混合，在捣碎桶内旋转，提取出糖分。产生的甜麦芽汁渗透到麦芽浆桶的底部。然后冷却，进入发酵槽，在那里发酵。添加的酵母将麦芽汁中的可发酵糖转化为酒精，生产出一种类似啤酒的液体，叫作发酵液，其中含有5%～10%的酒精，然后开始蒸馏。蒸馏的主要目的是去除发酵液中的大部分水分，并浓缩酒精。这背后有一个非常简单的概念：酒精的沸点低于水的沸点，所以它首先开始蒸发。因此，酒精液体被加热，上升的酒精蒸气被冷却并浓缩回液体状态。用于这个过程的“壶”是蒸馏器。传统的蒸馏器被称为“壶式蒸馏器”或“间断式蒸馏器”，因为每次蒸馏都需要对其进行填充和排放。这种蒸馏器的形状相当重要：窄颈的高壶蒸馏器能产生较轻的烈性酒，最著名的例子是格兰奥兰治（Glenmorangie），而宽颈蒸馏器则能促进蒸汽上升，产生更浓郁、更油腻的烈性酒，就像乐加维林（Lagavulin）一样。除了延展性之外，铜在蒸馏过程中的使用还取决于其感官特性：在蒸馏过程中，铜与蒸馏物发生反应，消除杂质和令人不快的化合物，即硫。

在19世纪引进了连续的柱式蒸馏器，麦芽浆不断地进入塔中，而不需要每次排干。塔内有穿孔板，这些穿孔板在蒸馏器内设置了内室，当蒸馏液通过每一级时，蒸馏液变得越来越轻。因此，除了与柱的数量和施工工艺类型有关的其他因素外，柱的高度和板的数量也会影响最后酒的烈度。蒸馏方法的分类不依赖于仍在使用的壶式蒸馏器或柱式蒸馏器，而是依赖于蒸馏过程是间断的还是连续的，因为它们生产的是完全不同类型的白酒。连续蒸馏和间断蒸馏拥有数百种不同型号的蒸馏器。

TORMORE DISTILLERY
T
TORMORE
DISTILLERY
SPEYSIDE SINGLE MALT
SCOTCH WHISKY
AGED 16 YEARS
PRODUCT OF SCOTLAND
70cl℮
48%vol
TORMORE 16 YEARS 48% VOL
FULL BODIED - RICH IN FLAVOUR - AMERICAN OAK
NON CHILL-FILTERED
BOTTLED
03 2016
BATCH Nº
A1603
NOSE
Deep and fruity with a tantalising layer of sweet orange and barley sugar. Incredibly smooth and well balanced.
TASTE
Juicy and sweet with bursts of ripe melon and pear.
FINISH
Long and slightly dry.
2TUF9006

托莫尔16

（Tormore 16）

特点：装有净化器的蒸馏器。

原产国：苏格兰（斯佩塞德）
类型：苏格兰单一麦芽威士忌
生产商：托莫尔酿酒厂
生产过程：使用铜制蒸馏器二次蒸馏
酒精度：48%
容量：70 cl

托莫尔酿酒厂成立于1958年。就像几年前所有的单一麦芽威士忌酿酒厂一样，它的主要功能是为著名的修长约翰（Long John）混合威士忌提供麦芽。直到最近，它才开始定期在市场上推出单一麦芽威士忌。这家酿酒厂的建筑非常独特：由著名建筑师阿尔伯特·理查德森爵士设计，它有一个独特的绿色屋顶，同样的颜色在建筑物上常被选中。有些人把它比作发电厂，甚至形容它看起来像一家旅馆。该公司创始人刘易斯·罗森斯蒂尔（Lewis Rosenstiel）是一个有争议的人物。尽管他与美国黑手党、老板弗兰克·科斯特洛和迈耶·兰斯基的关系是在他死后才建立起来的。

这家酒厂的一个显著特点是，它的蒸馏器上附有净化器，这与格伦·格兰特酒厂（Glen Grant）的做法很相似，只允许酒精中较轻的部分流出，而较重的蒸汽则留在蒸馏器内进行重新蒸馏。正如该系统的名称所示，这种装置能产生更轻、更清洁的烈酒。

这款16年陈酿的威士忌于2014年上市，在波旁酒桶中陈酿，瓶装时没有经过冷过滤或添加人工色素。它是小批量生产的，指定标签，使用美国白橡木桶陈酿。

品鉴记录
香气：饼干味，香草味，白色水果味
口感：香料味，橘皮味，白色水果味
余味：甜而辛辣，伴有点心奶油的味道

anCnoc
12 YEARS OLD
anCnoc
HIGHLAND SINGLE MALT
SCOTCH WHISKY
PRONOUNCED: [a-nock]
The Knockdhu Distillery is situated beneath the black knock hill, known to the locals by its Gaelic name of anCnoc

DISTILLED, MATURED AND BOTTLED IN SCOTLAND BY THE KNOCKDHU DISTILLERY COMPANY, ABERDEENSHIRE, AB54 7LJ.
Established 1894
70cl℮ 40%vol.

安努克12

（anCnoc 12）

特点：在蒸馏过程中使用虫捕式冷凝法冷却酒精蒸汽。

原产国：苏格兰（高地）
类型：苏格兰单一麦芽威士忌
生产商：诺克杜湖（Knockdhu）酒厂
生产：使用铜制蒸馏器二次蒸馏
酒精度：40%
容量：70 cl

安努克品牌来自诺克杜湖酿酒厂，Knockdhu在盖尔语中的意思是“黑山”（Black Hill），创建于1893年，尽管它直到几年前才特别为人所知，但它在苏格兰威士忌的历史上发挥了重要作用。它是第一家也是唯一一家由酿酒有限公司（Distillery Company Limited，DCL）建立的酿酒厂，经过几次收购和兼并，发展成为今天的饮料巨头——帝亚吉欧。

酿酒有限公司是由六个主要的谷物威士忌酒厂合并而成，在1877年控制了75%的威士忌生产。他们选择诺克作为开办酿酒厂的理想地点，因为附近有泉水、大麦田和泥煤沼泽，以及铁路。然而，它遭受了和其他许多酿酒厂一样的命运，多年来开张和关闭。1972年，它放弃了直接燃烧的蒸馏器，转而使用蒸汽加热的蒸馏器。1983年，它是众多受“威士忌湖”影响的酿酒厂之一。诺克杜湖（Knockdhu）在1990年才发布了他们的第一瓶麦芽酒，1993年为了避免与诺克杜（Knockando）混淆，它被重新命名为安努克（anCnoc）。

尽管它仍然生产几乎完全手工制作的威士忌，但就能耗和对环境的尊重而言，诺克杜湖（Knockdhu）是一家模范酿酒厂。该酒厂开发了一套外部生态废水处理系统，通过植物修复去除水中的铜。它的历史重要性还体现在它是少数几个仍然使用虫捕式冷凝法，而不是现代冷凝器来冷凝蒸馏过程中产生的蒸汽的蒸馏厂之一。虫捕式冷凝的名字来源于它们蛇形（螺旋式）的形状，它们被浸泡在酿酒厂外的一大罐冷水中。安努克12（anCnoc 12）是使用波旁酒桶平衡口味的结果。

品鉴记录

香气：谷物味，蜂蜜味，鲜花味，饼干味

口感：香草味、辛辣味、蜂蜜味中带有柠檬和苹果的味道

余味：伴随着谷物、饼干的气息

AUCHENTOSHAN
THE TRIPLE DISTILLED
AUCHENTOSHAN
SINGLE MALT SCOTCH WHISKY
VIRGIN OAK
LIMITED RELEASE
Why mature our triple distilled non chill-filtered spirit in Virgin Oak - when convention
on former bourbon or sherry casks? The answer lies in smooth chocolate cream,
spiced orange and toasted vanilla.
EVERY SINGLE DROP TRIPLE DISTILLED
700ml℮ 46%alc./vol.
L4301
BATCH TWO
L4305

欧肯特轩原始橡木桶

（Auchentoshan Virgin Oak）

特点：三次蒸馏，新桶陈酿。

原产国：苏格兰（低地）
类型：苏格兰单一麦芽威士忌
生产商：欧肯特轩（Auchentoshan）酒厂
生产过程：使用铜制蒸馏器三次蒸馏
酒精度：40%
容量：70 cl

欧肯特轩酒厂建于1823年，现在几乎并入格拉斯哥郊区，它拥有一个美丽的游客中心，每年都有众多游客和爱好者前来参观。这次参观是一次独特的体验，因为这家酿酒厂有一个非常不寻常的特点：它是苏格兰唯一一家对所有产品进行三次蒸馏的酿酒厂。三次蒸馏产生了一种新的酿酒体验，平均酒精含量为81%（相比之下，通过二次蒸馏获得的酒精含量约为70%），其“更清洁”的芳香轮廓突出了麦芽、水果和柑橘类水果的味道，使欧肯特轩威士忌具有极强的柔顺性。

这家酿酒厂是约翰·布洛克在克莱德河畔以邓托切尔的名字创办的。和许多早期的酿酒厂一样，这个项目很快就破产了，然后由几位业主接管。

除了三次蒸馏外，欧肯特轩原始橡树威士忌也在“原始”木桶中进行陈酿，新木桶比旧木桶能更快地产生芳香物质，加速了陈酿过程。

品鉴记录
香气：香草，肉豆蔻，香料
口感：香草、椰子、橙子
余味：糖、香草、香料

DISTILLERY
SPRINGBANK
ESTABLISHED 1828
PRODUCT OF SCOTLAND
AGED 10 YEARS
CAMPBELTOWN
SINGLE MALT
SCOTCH WHISKY
70cl
46%vol

云顶10年

（Springbank10）

特点：其中一个蒸馏器采用直火，蒸馏两次半，
整个生产过程中使用地板麦芽。

原产国：苏格兰（斯佩塞德）
类型：苏格兰单一麦芽威士忌
生产商：斯普林班克（Spring bank）酒厂
生产过程：蒸馏2.5次，使用铜制蒸馏器
酒精度：46%
容量：70 cl

云顶酒厂成立于1898年，无疑最能代表19世纪威士忌蒸馏的历史和传统。该酒厂的三个品牌（Hazelburn、Springbank和Longrow）在整个生产过程中都使用在酒厂麦芽地板上生产的麦芽，工人们在麦芽车间和蒸馏车间之间来回移动（以及在附近的格伦基尔酒厂）。第一次蒸馏所用的低酒精蒸馏器，仍由下面的火焰直接加热，整个生产过程由人工完成。米切尔家族在这一领域发挥着重要作用，他们在自己的两家酒厂和历史悠久的凯德汉雇佣了数十人，凯德汉是一家独立的装瓶商，也归米切尔家族所有。

该酒厂生产三种不同名称的威士忌：除了蒸馏两次半的斯普林班克（12～15ppm）外，还有另外两个品牌：赫佐本（Hazelburn），一种未经处理的三次蒸馏威士忌；朗格罗（Longrow），一种有泥煤味的二次蒸馏威士忌（50～55ppm），均以该地区关闭的酒厂命名。

云顶（Springbank）麦芽威士忌是将麦芽暴露在6小时的泥煤烟熏和30小时的中性暖空气中制成的。“两次半”蒸馏过程是用三个蒸馏器进行的，也用于三次蒸馏，部分酒精经过二次蒸馏，部分酒精经过三次蒸馏。

品鉴记录
香气：谷物味、木材味、香草味
口感：坚果味、香草味、姜味、烟味
余味：干燥味，烟熏味，可可味

THE GIRVAN PATENT STILL

SINGLE GRAIN SCOTCH WHISKY

In 1963 our first Girvan Patent Still ran with spirit. Almost three decades later in 1992 we installed a pioneering new still which we named 'No. 4 Apps' – a distillery term for 'apparatus'.

No.4
APPS

This unique still, operated under a vacuum, permits distillation at low temperatures. Delivering a pure, vibrant and fruity single grain spirit, ripe for maturation in our vanilla rich American Oak.

42% vol
42% alc/vol

WILLIAM GRANT & SONS
INDEPENDENT FAMILY DISTILLERS SINCE 1887

70cl
700ml

DELICIOUSLY DIFFERENT

Notes of candied fruit and cream, balanced by oak. It is, quite simply, Deliciously Different single grain whisky.

Approved by Master Distiller 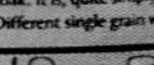

格文专属蒸馏器N°4阿普斯

（Girvan Patent Still N°4 Apps）

特点：单一谷物，采用两道多压蒸馏器蒸馏。

原产国：苏格兰
类型：苏格兰单一谷物威士忌
生产商：格文（Girvan）酿酒厂
生产过程：连续蒸馏，多压蒸馏器
酒精度：42%
容量：70 cl

格文酒厂成立于1963年，由查尔斯·格兰特·戈登管理，第一滴蒸馏酒在9个月后来到这个世界，象征着圣诞节的到来。据说，建造这家酿酒厂的决定是由一次外交事件促成的。格兰特家族制作了一个商业广告来推销他们的产品以及DCL公司，当时供应威廉·格兰特威士忌的谷物威士忌的DCL公司对此感到不满，决定切断供应。这一事件，再加上缺乏谷物威士忌来制作混合威士忌，可能是格兰菲迪纯麦威士忌在同一年上市的原因之一。

1992年，酿酒厂进行了重大改造和技术升级，原来的蒸馏器被更高效的真空多压蒸馏器所取代，每年可生产9460万升（2500万加仑）乙醇。格文酒厂也有生产亨德里克（Hendrick）杜松子酒的蒸馏器，在1968～1975年间，它还蒸馏雷迪朋（Ladyburn）单一麦芽威士忌。

2014年，在经过几次低调的尝试之后，格文专属蒸馏器系列依然发行。格文专属蒸馏器No°4阿普斯的名字来源于酿酒厂的4号蒸馏器，直到1992年才被改造。

品鉴记录
香气：水果和香草的味道
口感：蜜饯味，棉花糖味，香草味
余味：甜美而平滑

LAGAVULIN DISTILLERY
PORT ELLEN
ISLE OF ISLAY
LAGAVULIN
ISLAY SINGLE MALT SCOTCH WHISKY
AGED 12 YEARS
SCOTCH WHISKY
LIMITED EDITION
BOTTLED IN
2017
3105432712

乐加维林12年，2017限量版

（Lagavulin 12，2017）

特点：使用独特的蒸馏器，以天然木桶强度装瓶。

国家：苏格兰
类型：苏格兰单一麦芽威士忌
生产商：乐加维林（Lagavulin）蒸馏厂
生产过程：使用铜制蒸馏器二次蒸馏
酒精度42%
容量：70 cl

2016年，乐加维林庆祝其成立200周年，它是艾莱南部著名的酿酒厂之一，位于阿德贝格和拉弗格之间。它无疑是世界上最著名的单一麦芽酿酒厂之一，这要归功于它的品质和1988年推出的经典麦芽系列，从一开始就获得了成功。长期以来，乐加维林麦芽威士忌一直是白马混合威士忌的重要组成部分。白马酒厂的创始人彼得·麦基于1889年买下了这家酿酒厂，并在第二年创立了这个著名品牌。

这里曾经有第二家酿酒厂——麦芽磨坊，现在的游客中心就坐落在这里，这家酿酒厂因肯·洛奇的电影《天使的一份》而闻名，并且是麦基自己为了报复拉弗格而建造的：几十年来，麦基兄弟一直是附近拉弗格酒店的代理人，但是在1908年，他们决定直接销售产品。麦芽磨坊于1962年关闭。乐加维林的梨形蒸馏器，与他们的宽度相比非常短，促进了最重蒸汽的上升，强烈影响了它的特性。

乐加维林12年天然原桶酒精强度，瓶装后没有被稀释，自2002年以来，每年都发布限量版，而16年的酒使用的是雪莉酒桶和波旁酒桶，这种威士忌是专门在波旁酒桶中陈酿的。

品鉴记录（2017）
香气：灰烬味，烟熏味，柑橘类水果，青草味
口感：盐味，柠檬味，香草味，奶油味
余味：干燥和海洋与烘烤的味道

ESTD
1836
Glenfarclas®
HIGHLAND
SINGLE MALT
SCOTCH WHISKY
AGED 15 YEARS
DISTILLED & BOTTLED BY J&G GRANT
GLENFARCLAS DISTILLERY, SPEYSIDE, SCOTLAND
PRODUCT OF SCOTLAND
46% VOL

格伦法克拉斯15

（Glenfarclas 15）

特点：使用直接燃烧加热蒸馏器，主要使用雪莉酒桶陈酿。

国家：苏格兰
类型：苏格兰单一麦芽威士忌
生产商：格兰法克拉斯（Glenfarclas）蒸馏厂
生产过程：使用铜制蒸馏器二次蒸馏
酒精度：46%
容量：70 cl

尽管官方的格伦法克拉斯酿酒厂成立于1836年，但它很可能早在很久以前就开始非法蒸馏了。第一个合法执照颁发给了罗伯特·海，他一直持有这个执照，直到1865年去世。他的邻居，约翰·格兰特，花了512美元买下了它，而格兰特家族，现在已经是第六代了，仍然拥有它。

由于独立于大公司和股东的逻辑，酿酒厂仍然使用传统方法，忠实于几乎完全废弃的做法，比如用火直接加热蒸馏器。1981年，该酿酒厂开始采用蒸汽加热，但后来由于结果被认为不能令人满意而放弃。直接用火加热需要一种特殊的工具来防止液体粘在蒸馏釜底部，这种机械被称为“回旋链”，它是一条长长的铜链，机械地绕蒸馏釜底部旋转，就像一个巨大的搅拌器。

格伦法克拉斯也是最早相信旅游业的酿酒厂之一，1973年向游客敞开了大门。它倾向于管理库存和单一麦芽，使得这家酿酒厂有可能推出家族酒桶系列，从20世纪50年代到90年代，酒桶的年份跨越了50年。它主要使用雪莉酒酒桶，15岁的酒桶是酒厂精神的完美代表。

品鉴记录
香气：酒味，胡椒味，木材味，红色水果味，可可味
口感：橙皮味，苏丹娜葡萄味，核桃味，巧克力味，红色水果味
余味：坚果味、香料味、可可味、烟草味

NIKKA
COFFEY MALT
WHISKY
PRODUCED BY THE NIKKA WHISKY
DISTILLING CO.,LTD., JAPAN
カフェモルト
alc.45%
NIKKA WHISKY
ウイスキー

尼克卡科菲麦芽

（Nikka Coffey Malt）

特点：大麦芽制成，使用柱状蒸馏器蒸馏。

原产国：日本
类型：日本单一谷物威士忌
生产商：宫城峡（Miyagikyo）蒸馏所
生产过程：使用蒸馏器连续蒸馏
酒精度：45%
容量：70 cl

生产科菲蒸馏酒的历史始于20世纪60年代，当时竹鹤政孝，意识到是时候通过使用苏格兰方式制作的“谷物威士忌”来提高混合艺术的质量水平了。在那之前，日本混合威士忌是用麦芽和工业中性酒精制成的。1964年，西宫酿酒厂开始使用科菲蒸馏器，1965年推出了Black Nikka，并获得“黑胡子”的名称。科菲蒸馏器现在被安置在位于宫城县的宫城峡蒸馏所，该蒸馏器于1969年开始使用，用于生产单一麦芽威士忌。直到2001年，这家酿酒厂还被称为“仙台”，以其所在城市的名字命名，此后才更名为现在的名字。1989年，主要由于酒类新税收的影响，日兴公司利用这个机会对其工业运营进行了重大改革。1998年，科菲蒸馏器从西宫运到宫城峡（Miyagikyo），次年投入使用。

自20世纪70年代以来，尼克卡（Nikka）麦芽威士忌一直在科菲蒸馏酒厂生产，但直到2014年才成为商业产品。在苏格兰，你不能把“麦芽”（Malt）和“科菲”（Coffey）联系起来，因为“科菲”是一种允许连续蒸馏的蒸馏器：苏格兰威士忌法规规定，只有在蒸馏壶中蒸馏的单一麦芽威士忌才能称为“麦芽威士忌”。如果这种威士忌是在苏格兰蒸馏的，那么它就属于“单一谷物”类威士忌。

品鉴记录

香气：柑橘类水果味，香草味，白色水果味，蜜饯味，黑胡椒味

口感：柠檬味，蜜饯味，奶油味，热带水果味

余味：果香与李子、柠檬和一丝苦味香草的气息交织融合

NIKKA WHISKY
SINGLE MALT
YOICHI
NIKKA WHISKY
SINGLE MALT
YOICHI

余市
余市蒸溜所シングルモルト
北海道 余市蒸溜所でつくられたモルト原酒
PRODUCED BY THE NIKKA WHISKY
DISTILLING CO.,LTD.,JAPAN
ウイスキー
alc.45% WHISKY

余市单一麦芽威士忌
（Yoichi Single Malt）

特点：采用直接燃煤加热蒸馏器蒸馏。

原产国：日本
类型：日本单一麦芽威士忌
生产商：余市（Yoichi）蒸馏所
生产过程：使用铜制蒸馏器二次蒸馏
酒精度：45%
容量：70 cl

1934年，日本“威士忌之父”竹鹤政孝，离开寿屋（Kotobuyika）公司并创立了自己的公司大日本果汁株式会社（Dai Nippon Kaju）。他选择北海道进行他的新冒险，他一直认为那里和苏格兰气候非常相似。到同年年底，余市蒸馏所已经建在同名的河岸上。起初，它主要用苹果生产果汁和苹果酒，这些产品可以立即出售，因此对项目融资很有用。不幸的是，这种果汁一开始并不成功，因为消费者认为它过于浑浊，1936年，竹鹤利用消费者拒绝的多余库存和产品生产了一种苹果白兰地，同年下半年他开始生产威士忌。

这些蒸馏器仍然由直接的煤火加热，并由一个炉工照料，就像过去一样。从经济角度来说，这是一个不利的选择，但是酿酒厂完全相信这是正确的选择，即使在2003年，它不得不安装昂贵的过滤系统来减少对环境的影响时，仍然坚持这样做。感谢酿酒厂对传统的忠诚，它选择了生产轻泥煤味威士忌和它的地理位置，因此一些人大胆地说，余市（Yoichi）完美地体现了苏格兰精神。由于生产的威士忌需要混合勾兑，所以余市（Yoichi）蒸馏不同类型的威士忌，有极其微妙的烟熏味威士忌，也有非常重的烟熏味威士忌。余市（Yoichi）单一麦芽威士忌是一种没有年龄陈述的威士忌，并保留了这个独特的酿酒厂近百年的荣耀。

品鉴记录

香气：花香及海洋香气、泥煤味、香料味、姜味

口感：香料味、水果味、坚果味、巧克力和烟味

余味：悠长、成熟的果香、盐味和全新海味的回味

Phare des Héaux
de Bréhat
GLANN AR MOR
SINGLE MALT
WHISKY BRETON
Taol Esa - Iãn Gwech 10

格兰阿莫尔单一麦芽威士忌

（Glann Ar Mor Single Malt）

特点：使用直燃式蒸馏器，缓慢蒸馏，在蒸馏过程中使用虫捕式冷凝法冷却蒸汽。

原产国：法国
类型：单一麦芽威士忌
生产者：格兰·阿尔·莫尔（Glann ar mor）酒厂
生产过程：使用铜制蒸馏器二次蒸馏
酒精度：46%
容量：70 cl

格兰·阿尔·莫尔，在盖尔语中的意思是“在海边”，是酿酒厂的一种无泥煤的表达方式，它的名字就来源于此［泥煤威士忌叫作克朗（Kornog）］。这家蒸馏厂使用的方法几乎已经被废弃，包括直接用火加热，极慢的蒸馏和在蒸馏过程中使用虫捕式冷凝法冷却蒸汽。在临海仓库中进行陈化，所有产品保持原有颜色，未经冷过滤。

这种无泥煤单一麦芽是用马里斯奥特（Maris Otter）大麦品种生产的，这种大麦在过去很常用，但是自20世纪90年代以来几乎完全被废弃了，尽管它仍然被广泛用于酿造。马里斯奥特大麦强化了麦芽的基调，因此它被广泛用于传统的英国啤酒中，也是因为它在不列颠群岛的气候中生长良好。这种威士忌在波旁酒桶中陈酿。

品鉴记录
香气：饼干味，白色水果味，糖浆水果味
口感：甜味，奶油味，白色水果味，香草味
余味：青草味，红茶味持久不绝

成熟和装瓶

康沛勃克司香料树（Compass Box Spice Tree）

艾伦阿马罗内桶（Arran Amarone Cask Finish）

巴布莱尔2005年（Balblair 2005）

百富12年单桶威士忌（Balvenie 12 Single Barrel）

格兰多纳12年（Glendronach 12 Years Old）

老富特尼12年（Old Pulteney 12）

帝霖小批量爱尔兰威士忌
（Teeling Small Batch Irish Whiskey）

杰克丹尼保税田纳西威士忌
（Jack Daniel's Bottled in Bond Tennessee）

酩帝诗小批量美国波旁威士忌
（Michter's US * 1 Small Batch Bourbon）

伊知郎金叶
（Ichiro's Malt Mizunara Wood Reserve）

麦克米拉布鲁克斯威士忌（Mackmyra Bruks whisky）

普尼维纳（Puni Vina）

云雀原桶強度单一麦芽威士忌
（Lark Cask Strength Single Malt）

噶玛兰波旁橡木桶陈酿（Kavalan Bourbon Oak matured）

虽然在一些国家也有被称为威士忌的烈性酒，即使这些烈性酒没有在橡木桶中陈酿一段时间，但一般来说，当威士忌离开酒厂的蒸馏器时，威士忌都经过一段时间的木桶陈酿。根据蒸馏方式的不同，威士忌在离开蒸馏器时的酒精含量（ABV）可以在70%～90%。在放入木桶之前，它们的酒精含量（ABV）通常被稀释到62%～64%。木材可以被认为是威士忌的第四种成分，因为在木桶里成熟的过程中，通常会生成酒的大部分的香气和颜色。据粗略估计，至少70%的威士忌风味和香气是在成熟过程中获得的。那么它为什么如此重要呢？在成熟过程中，木材对酒有不同的影响。

第一个是减法效应：新酿造的白酒的香气通常比较粗糙而略显棱角，有时还带有金属味，这也是由于酒精含量高的缘故。木桶里的陈酿会使其变软、变圆润、定形，甚至消除那些影响。随着威士忌陈酿时间的推移，其泥煤味的“强度”会逐年下降，这也是因为它与木材接触的缘故。

第二个是添加效应：酒精在木桶中存储时，与木材中的成分进行吸附等反应，产生强烈的气味芳香物质，以及颜色。

用于制造波旁威士忌的美国白橡木含有丰富的香兰素等甜味化合物。欧洲橡木则更柔和，更具可塑性，产生更多的单宁和辛辣味。如何处理木材也有影响：由于木材中形成的裂缝，烧焦的波旁酒桶比烘烤的酒桶更容易被酒精渗透。

第三个是互动效应：烈酒与木桶和外部环境相互作用。蒸发是这种交互作用的一部分。成熟过程很大程度上受到环境的影响，特别是影响蒸发速率的温度和湿度的变化。温度也会改变威士忌的体积：温度越高，威士忌的膨胀就越大。在亚热带地区陈酿的威士忌，比如中国台湾的卡瓦兰威士忌，比苏格兰威士忌成熟得更快。一般来说，威士忌陈酿仓库不用人工空调：在苏格兰，传统的酒窖仓库只有三排桶和泥地，温度恒定，可以促进缓慢成熟。但威士忌生产过程中的这一环节也出现了创新：例如，酩帝诗酿酒厂（Michters distillery）已决定在冬季给仓库供暖，以降低温度范围。

用于成熟的木材和桶的种类成倍增加：传统的桶（200升/53加仑）、猪头桶（250升/66加仑）和巴特桶（500升/132加仑），加上四分之一桶（125升/33加仑）和其他不同大小的桶。波旁威士忌酒桶和雪莉酒酒桶不再是唯一的选择。旧的葡萄酒桶也被使用。例如，艾伦（Arran）在阿马罗内（Amarone）的酒桶中完成几个月的威士忌生产，而意大利的普尼（Puni）蒸馏酒厂则使用马萨拉（Marsala）桶。欧洲橡木也不再是唯一类型的使用橡木类型。例如，麦克米拉（Mackmyra）使用瑞典橡木，而日本伊知郎（ichiroakuto）家族为他的作品选择了最稀有的品种——日本水楢橡木。

接下来就是把威士忌装瓶了，有两种不同的方法。第一种方法是按照一个配方，将不同桶的威士忌勾兑起来，以获得大量的产品，不同批次之间具有相似的特性。第二种方法是小批量装瓶，甚至只装一桶威士忌，将装瓶数量限制在几百瓶，从而得到一种独特的、不可重复的威士忌。

威士忌可以在选定的酒精强度范围内装瓶，例如，46%的威士忌，可以加水装瓶，也可以在不被稀释的情况下保持自然的桶装强度（即所谓的“桶装威士忌”）。为了防止威士忌在加水或加冰时变得浑浊，许多酒厂将威士忌冷冻过滤，以消除大部分油性物质。当威士忌未经过滤时，通常会标上“未经冷却过滤”或“非冷却过滤”。

COMPASS BOX
COMPASS BOX
COMPASS BOX
SCOTCH WHISKYMAKER
THE
SPICE TREE
RICH · ROUND · INTENSE
NON-CHILL FILTERED · NATURAL COLOUR
Whiskymaker | JOHN GLASER
BLENDED
MALT SCOTCH WHISKY
46%vol
70cle
PRODUCT OF SCOTLAND

康沛勃克司香料树

（Compass Box Spice Tree）

特点：使用不同类型的木材制成的桶。

原产国：苏格兰
类型：苏格兰混合麦芽威士忌
生产商：康沛勃克司（Compass Box）酒厂
生产过程：来自三家酒厂，使用铜制蒸馏器二次蒸馏
酒精度：46%
容量：70 cl

康沛勃克司，由约翰格拉泽创建，它是一个相当新的、高品质混合威士忌生产商。这个新品牌的市场成功当然需要很大的勇气，但也需要创新的方法。他的所有作品都有创新之处，由于苏格兰威士忌的严格规定，这也造成了一些问题。“仅仅是香料树”（“Just The Spice Tree”）的第一次发布就被拒绝了，因为它在成熟过程中使用了添加了特殊元素的木桶，而这些元素并不认为是木桶的一部分。在从市场上撤出一段时间后，该产品再次发布，这一次使用了定制的法国橡木桶。

香料树是一种混合麦芽，因此其配方只包含麦芽威士忌。格拉泽的另一个创新想法是对标签上的成分采取100%透明标注的方法。这也被苏格兰威士忌协会拒绝了，因为它可能误导消费者了解实际酒的实际年龄。无论如何，格拉泽决定让这些信息在公司的网站上公布，易于消费者访问和获取。香料树是一种混合了20%的蒂尼克（Teaninich）单一麦芽威士忌，20%的戴维恩（Dailuaine）麦芽威士忌和60%的克里尼利基（Clynelish）麦芽威士忌的调合威士忌。

品鉴记录
香气：香料味，香草味，焦糖味，香草味
口感：饼干味，姜味，香草味，香料味
余味：辛辣味

Arran
The
Malt
DARK CHOCOLATE
ARE PROOF OF THE SPECTACULAR
THE AMARONE CASK AND THE ARRAN MALT.
SELECTED BY OUR MASTER DISTILLER
James MacTaggart

艾伦阿马罗内桶

（Arran Amarone Cask Finish）

特点：在葡萄酒桶中二次成熟。

原产国：苏格兰（高地 / 岛屿）
类型：苏格兰单一麦芽威士忌
生产商：艾伦（Arran）酒厂
生产过程：使用铜制蒸馏器二次蒸馏
酒精度：50%
容量：70 cl

艾伦酿酒厂成立于1995年，是过去几十年间在苏格兰开设的众多酿酒厂中的第一家。这家酿酒厂位于同名的艾伦岛（苏格兰群岛最南端）的首府洛赫兰扎（Lochranza）。过去，岛上有许多秘密酿酒厂，但只有拉格酿酒厂是合法的，从1825年到1837年一直在运营。

当芝华士兄弟（Chivas Brothers）前总经理哈罗德·柯里（Harold Currie）成立一个财团，准备在岛上开一家酿酒厂时，他选择了位于艾伦北半部的洛赫兰扎（Lochranza），因为那里水质优良、储量丰富，而且很受游客欢迎。事实上，尽管它仍然是苏格兰最小的酿酒厂之一，但每年有超过60,000的游客。

自2004年以来，艾伦酿酒厂只蒸馏了一小部分的泥煤味麦芽威士忌：20ppm为10%，50ppm为5%。在阿马罗内桶陈酿（Amarone Barrel Finish）标签上，单词Finish表示二次成熟：威士忌首先在波旁酒桶中成熟，然后转移到阿马罗内（Amarone）木桶中几个月直到完全成熟。装瓶时酒精度（ABV）在50%，以保留其自然颜色，是非冷却过滤。这是一种“无年龄声明”的威士忌，在市场上以缩写为NAS表示。

品鉴记录
香气：黑樱桃味，香料味，木头味，巧克力味
口感：黑樱桃味，香草味，香料坚果味
余味：坚果味，巧克力味，香料味

BALBLAIR
Established in 1790
VINTAGE
2005
Highland Single Malt
Scotch Whisky
70cl℮ 46%vol.
Distilled 2005 | Bottled 2017

巴布莱尔2005年
（Balblair 2005）

特点：装瓶年份酒。

原产国：苏格兰（高地）
类型：苏格兰单一麦芽威士忌
生产商：巴布莱尔（Balblair）酒厂
生产过程：使用铜制蒸馏器二次蒸馏
酒精度：46%
容量：70 cl

第一家酿酒厂是由詹姆斯·麦凯迪（James McKeddy）于1790年在艾德尔顿（Edderton）创建的。几个月后，他被迫将所有权转移到罗斯（Ross）家族手中，这个家族经营了一个多世纪。在1895年，生产转移到一个新的位置，更接近新的铁路线，而且它继续使用相同的水源。

与许多其他酿酒厂一样，20世纪初苏格兰威士忌工业的崩溃迫使这家酿酒厂关闭。这些生产直到第二次世界大战后才恢复，当时丘吉尔颁布法令，重新开放许多酿酒厂，生产出售威士忌，特别是出售给美国人。1996年，这家酿酒厂被因弗豪斯蒸馏有限公司（Inver House Distillers Limited）收购，该公司现在是泰国国际饮料控股集团的一部分。直到几年前，这家酿酒厂只生产了几种单一麦芽威士忌，然后开始将威士忌装瓶，标明的是蒸馏年份，而不是陈酿年份。2012年，这家酿酒厂被用作肯·洛奇的电影《天使的一份》的拍摄地之一。

这款2005年蒸馏、2017年装瓶的波旁威士忌在美国白橡木桶中成熟，这种方法突出了波旁威士忌的传统水果特征，尤其是热带水果的香味。它的特点很大程度上归功于长时间的发酵，小的蒸馏器赋予了威士忌很好的结构，也使它适合于长时间的成熟。瓶子上的设计灵感来自于刻在附近一块称作“The Clach Biorach”（俗称尖石）的古老石头上的象形符号，这块石头可以追溯到大约400年前。

品鉴记录（2005年第一版）
香气：热带水果味、香料味、蜂蜜味、青苹果味、柑橘类水果和鲜花的香气
口感：柠檬味，香草味，黄色水果味
余味：香料味，白色水果味，香草味

ESTD 1892
SINGLE MALT SCOTCH WHISKY
Distilled at
THE BALVENIE®
Distillery, Banffshire
SCOTLAND
SINGLE BARREL
Cask Type FIRST FILL
AGED 12 YEARS
THIS BOTTLE IS ONE OF NO MORE THAN 300
DRAWN FROM A SINGLE CASK
CASK NUMBER
4775
BOTTLE NUMBER
16
70cl/700ml℮
THE BALVENIE DISTILLERY COMPANY
BALVENIE MALTINGS, DUFFTOWN,
BANFFSHIRE, SCOTLAND AB55 4BB
47.8%vol 47.8% alc./vol.

百富12年单桶威士忌

（Balvenie 12 Single Barrel）

特点：单桶，使用首次装满的波旁酒桶陈酿，地板麦芽。

原产国：苏格兰（斯佩赛德）
类型：苏格兰单一麦芽威士忌
生产商：百富（Balvenie）酿酒厂
生产过程：使用铜制蒸馏器二次蒸馏
酒精度：47.8%
容量：70 cl

百富（Balvenie）是最受爱好者欢迎的酿酒厂之一，不仅仅是因为它的威士忌，它的环绕铁路的一系列建筑，以及在它宏伟的姊妹酿酒厂格兰菲迪（Glenfiddich）后面的建筑，都令人叹为观止。百富仍然使用地板麦芽来满足大约15%的需求，使用土地上的农田的大麦，使其成为一个酿酒厂，至少部分具有农业核心价值。只有预约才能去百富酒厂，这里是苏格兰最美的地方之一。在短短几年内，百富的销量增长了2倍多，成为全球销量最高的十大单一麦芽威士忌之一。现在它的产量已经增加到700万升（刚刚超过150万加仑）。

这个12年百富产品的独特特点是，它是一个单一的桶，因此没有混装。使用初填波旁酒桶陈酿，即只用一次波旁酒桶，生产量最多300瓶。百富一直在市场上销售这种产品，品尝同一家酒厂的两种产品，使用同一种类型的木材，使用同一种木桶表达，是一种真正独特的、高度受教育的体验。没有两个桶的酒是一样的。

品鉴记录

香气：香草味，奶油味，椰子味，香料味，黄色水果味，烤木材味

口感：奶油冻味，柠檬味，黄色水果味，香草味

余味：黄色水果味，香料味，热带水果味

The GLENDRONACH
James Allardice
1780 - 1849
INVENTOR, PIONEER, ENTREPRENEUR.
FOUNDER OF THE GLENDRONACH DISTILLERY.
DISTILLED, MATURED AND
BOTTLED BY THE PROPRIETORS
The GLENDRONACH DISTILLERY
Co LIMITED
SINCE 1826 SINCE
The GLENDRONACH
ORIGINAL
AGED 12
IN A COMBINATION OF THE FINEST
XIMINEZ AND OLOROSO SHERRY CASKS
PRODUCT OF SCOTLAND
43%vol

格兰多纳12年

（Glendronach 12 Years Old）

特点：使用雪莉酒桶陈酿。

原产国：苏格兰（高地）
类型：苏格兰单一麦芽威士忌
生产商：格兰多纳（Glendronach）酒厂
生产过程：使用铜制蒸馏器二次蒸馏
酒精度：43%
容量：70 cl

格兰多纳酿酒厂位于斯佩塞德地区的远东地区，因其盛行使用雪莉酒木桶陈酿而一直脱颖而出。它成立于1826年，由詹姆斯·阿拉迪斯领导的一群当地农民建立，是苏格兰根据1823年新的消费税法获得许可的第二家酿酒厂。1966～1967年被威廉老师父子有限公司收购后，燃煤蒸馏器由2座增加到4座。在制麦过程中还使用了煤（和泥煤一起）来烘干大麦。直到1996年地板麦芽停产之前，格兰多纳威士忌的泥煤度一直低于14ppm。这个直接用火加热的传统过程，在2005年被蒸汽取代，但仍然有许多在酿酒厂仓库的酒桶，是用旧系统过程生产的。

雪莉酒酒桶的大量使用［这款12年的酒是在欧罗索雪莉酒（Olorso Sherry）和佩德罗希梅内斯（Pedro Ximenez）的组合酒桶中限酿的］使得这家酿酒厂成为这类酒爱好者的参考点，这种酒在过去非常普遍，但现在很少使用，因为酒桶的成本很高。

品鉴记录
香气：番石榴味，红色水果味，可可味，皮革味
口感：红色水果味、香料味、蜜饯味等
余味：坚果味，巧克力味，烟草味

OLD
PULTENEY

EST 1826 • WICK • SCOTLAND
OLD
PULTENEY
SINGLE MALT SCOTCH WHISKY
ROBUST, WITH A DELICATE HINT OF SEA AIR
70cl.e
40%vol.
PRODUCED BY DISTILLERY MANAGER
DISTILLED, MATURED AND BOTTLED IN SCOTLAND KW1 5BA

AGED
12
YEARS

老富特尼12年

（Old Pulteney 12）

特点：蒸馏过程中使用虫捕式冷凝法冷却蒸汽，带有海洋气息的威士忌，没有泥煤味。

原产国：苏格兰（高地）
类型：苏格兰单一麦芽威士忌
生产商：富特尼（Pulteney）酒厂
生产过程：使用铜制蒸馏器二次蒸馏
酒精度：40%
容量：70 cl

富特尼酒厂成立于1826年，以爵士的名字命名。威廉·富特尼（William Pulteney）在土木工程师托马斯·特尔福德（Thomas Telford）的帮助下，于19世纪初建造了一个有大型渔港的村庄。特尔福德以设计桥梁、运河和水渠而闻名。新的开拓点为许多在“高地大清洗运动”期间被赶出自己土地的农民提供了工作，而且在很长一段时间里，它是苏格兰最重要的鲱鱼捕捞港，拥有800艘渔船。这家酿酒厂完全融入了维克（Wick）的城市结构，这个名字取代了之前的富特尼镇（Pulteneytown）。

富特尼有两个显著的特点。首先是蒸馏器的奇特形状，它的上部近乎球形，上部的末端有一个平板。故事是这样的，蒸馏器顶部本该有一个天鹅颈，但是这使它无法进入小的蒸馏室，所以顶部被简单地切掉了。第二种是使用虫捕式冷凝法来冷却蒸汽。这个12年的威士忌在波旁酒桶中陈酿，并表现出独特的海洋特征——这与克里尼利基（Clynelish）非常相似——以至于在标签上被描述为“海上麦芽”。不要期待岛上许多泥煤味威士忌都有同样的海洋气息，富特尼更容易让人联想到海洋空气的味道。富特尼威士忌的另一个鲜明特点，尤其是这种10年陈酿的威士忌，就是具有梨和苹果的味道。

品鉴记录

香气：花香味、梨香味、针叶树香味、海风香味

口感：甜味，白色的水果和香味

余味：带有海洋气息和坚果的味道

THE
SPIRIT of DUBLIN
TEELING
WHISKEY
SMALL BATCH
PRODUCT OF IRELAND
IRISH WHISKEY
NON CHILL
RUM CASKS
01/2018
46% ALC./VOL. 70cl
TEELING WHISKEY COMPANY • NEWMARKET • DUBLIN 8 • IRELAND

帝霖小批量爱尔兰威士忌
（Teeling Small Batch Irish Whiskey）

特点：陈酿于朗姆酒桶中。

原产国：爱尔兰
类型：爱尔兰混合威士忌
生产商：帝霖（Teeling）酿酒厂
生产过程：混合威士忌，使用铜制蒸馏器和柱式蒸馏器二次蒸馏
酒精度：40%
容量：70 cl

1987年，库利酒厂开业，并于2011年出售。之后，帝霖家族继续以库利家族的名义出售威士忌，使用的是库利家族的股票，而这些股票并未纳入销售协议。

与此同时，这个家族启动了两个新项目：第一个是2015年在都柏林市中心建立的一个新酿酒厂，这是爱尔兰首都125年来的第一个经营性酿酒厂；第二个是收购邓多克（Dundalk）的大北方啤酒厂（Great Northern Brewery），原属帝亚吉欧公司，并投资3500万英镑将其改造成仅次于新米德尔顿（New Midleton）的第二大酿酒厂。酒厂的标签上写着“自1782年以来”，因为这一年，家族的祖先沃尔特·帝霖在都柏林开了一家酿酒厂。

帝霖小批量威士忌是一种小批量蒸馏的混合威士忌。它保留了天然的色泽，不经过冷却过滤，并含有比平常更高的麦芽与谷物比例。调配后又在朗姆酒桶内陈酿了6个月。

品鉴记录
香气：香草味，苹果派味，红色水果味，德美拉拉糖味
口感：有香草、香料和青草的味道
余味：带有焦糖味的青草

JACK DANIEL'S
BOTTLED AT
100
PROOF
Tennessee
SOUR MASH
WHISKEY
DISTILLED AND VIGILANTLY
BOTTLED-IN-BOND
AT JACK DANIEL DISTILLERY
1.0L 50% Vol.
BOTTLED AT THE DISTILLERY
DISTILLED & BOTTLED BY
JACK DANIEL DISTILLERY
DSP-TENN-1

杰克丹尼保税田纳西威士忌
（Jack Daniel’s Bottled in Bond Tennessee）

特点：保税威士忌。

原产国：美国
类型：田纳西威士忌
生产商：杰克丹尼（Jack Daniel’s）酒厂
生产过程：使用柱式蒸馏器蒸馏
酒精度：50%
容量：70 cl

杰克丹尼是世界上最具代表性和最著名的威士忌之一。它的知名度已经产生了数百万加仑威士忌的生产，并且创造了一个最广泛的销售网络的业务之一。在与邻近的肯塔基州的其他品牌一起几乎毫无挑战地统治了市场之后，地方层面的变化（随着小型酿酒厂的出现），以及全球层面的变化（对新产品的零星研究）正在改变局面，杰克丹尼（Jack Daniel）也不得不开始寻找新的消费者。其中一个方法是使用鲜为人知的美国威士忌品类，生产保税威士忌产品。市场上的许多品牌并不蒸馏自己的威士忌，而是从同样为“第三方”生产威士忌的酿酒厂购买，因此这个类别可以被定义为“运营透明度”。事实上，这套法律要求规定，保税威士忌来自一家蒸馏酒厂，在一个蒸馏季节，并由一个蒸馏大师蒸馏，必须至少有4年的陈酿历史，并且装瓶时要达到100度（50% Vol）。1898年，威士忌酒中掺假现象普遍存在，为了应对这一现象，美国政府制定了《保税酒法》（*Bottle-in-Bond Act*）。杰克丹尼最引以为豪的是它的木炭醇化过程，包括让威士忌慢慢地滴入3米（10英尺）的硬糖枫木炭过滤，这样它就呈现出与众不同的平滑。

品鉴记录
香气：焦糖味，香蕉味，香草味，烤木头味
口感：香草味，椰子味，甜味，青苹果味，枫糖浆味
余味：奶油味，带有木香味

Michter's
Batch Nº L16K1202

Distilled in small batches according to the Michter's pre-Revolutionary War quality standards dating back to 1753
MICHTER'S
SMALL BATCH
EST.
1753
US★1
BOURBON
WHISKEY
700ML
45.7% ALC./VOL.
(91.4 PROOF)

酩帝诗小批量美国波旁威士忌

(Michter's US * 1 Small Batch Bourbon)

特点：保温酒窖中陈酿，威士忌原酒的酒精度低，不寻常的桶装尾韵。

原产国：美国
类型：波旁威士忌
生产者：酩帝诗（Michter's）酒厂
生产过程：使用柱式蒸馏器和壶式蒸馏器二次蒸馏
酒精度：50%
容量：70 cl

该品牌成立于1753年，20世纪90年代，麦格罗科（Magliocco）家族让它重新焕发生机。很长一段时间，它从其他蒸馏厂购买烈酒，提供配方，然后自己加以成熟：规范规定，他们要用木桶装威士忌（酒桶由酩帝诗（Michter's）提供，酒精度为103Proof（51.5% ABV，而不是通常的125Proof）。2015年，麦格罗科（Magliocco）用一对漂亮的蒸馏器为新酿酒厂揭幕：一个14米高的柱式蒸馏器和一个设计非同寻常的小壶式蒸馏器。陈酿过程充满了创新的意味：首先，对木桶进行烘烤，使用"缓慢烹饪"过程，准备制作酒桶的木材深处存在的糖，然后烧焦，因为这是产品规格所要求的，也是获得特有的波旁威士忌和黑麦风味所必需的。在这个过程中，酒精穿透木炭层，抽出木材提取物。新的酿酒厂也在酒桶中陈酿103Proof的威士忌。最后，酒窖在冬季通过一个叫作"热循环"的过程加热，这个过程在冬季会刺激酒液老化。酩帝诗的美国 * 1 小批量波旁威士忌是小批量生产的，瓶颈上有标签。

品尝
香气：谷物味、坚果味、香草味
口感：胡椒味、肉桂味、香草味、枫糖浆味、葡萄干味
余味：香料和焦糖与烤面包的味道

Since 2004
Ichiro's Malt
Pure Malt Whisky
MWR

伊知郎金叶

(Ichiro’s Malt Mizunara Wood Reserve)

特点：使用水楢橡木桶。

原产国：日本
类型：日本混合麦芽威士忌
生产商：肥土伊知郎（Ichiro Akuto）酿酒厂
生产过程：使用铜制蒸馏器二次蒸馏，混合两种单一麦芽威士忌
酒精度：46%
容量：70 cl

肥土伊知郎（Ichiro Akuto）将他家族的2000年关闭的羽生蒸馏所（Hanyu Distillery）麦芽威士忌和新建的秩父市（chihibu）酿酒厂的麦芽威士忌混合制成了这种威士忌，结果是一种极其特殊的混合麦芽威士忌。他还选择使用水楢橡木（Mizunara）桶，这是日本特有的一种罕见品种。

20世纪80年代，肥土（Akuto）的家族开始在羽生蒸馏所（Hanyu Distillery）酿造威士忌，但不到20年后，由于股市崩盘，这家酒庄关闭了。剩下的大约400桶羽生酒，伊知郎用于限量发售，也用作这种混合酒的原料。

由于日本威士忌的增加，在日本威士忌世界中出现了一种名为水楢橡木或蒙古栎的木材。它的特点和非常高的成本使它完全不适合生产酒桶。而且这种树很少直立生长，所以它必须在户外经过特殊处理才能挺直。此外，这种木材是非常多孔和容易泄漏的，因为它比其他类型的木材具有较少的年轮，这会影响酒桶木材气孔的严密性。因此，为独特口味付出的代价是非常高的。

秩父（Chihibu）公司也使用水楢橡木发酵罐，在某些情况下，在一个大水楢橡木桶里混合威士忌，而且至少存放12个月的时间。

品尝
香气：柠檬味，蜂蜜味，檀香味，白葡萄味
口感：香料味，蜂蜜味，白色水果味，檀香味
余味：辛辣味，甜美的味道

MACKMYRA
41.4% ALC. BY VOL. • VOLUME 70 cl
BRUKSWHISKY
Bruks

麦克米拉布鲁克斯威士忌

（Mackmyra Bruks whisky）

特点：重力酿酒厂，采用瑞典橡木桶。

原产国：瑞典
类型：单一麦芽威士忌
生产商：麦克米拉（Mackmyra）蒸馏厂
生产过程：使用铜制蒸馏器二次蒸馏
酒精度：41.4%
容量：70 cl

毫不奇怪，瑞典有威士忌酿酒厂：瑞典人对威士忌极其热衷，是苏格兰酿酒厂最常来的游客之一，而且在他们的家乡建立了几十家威士忌俱乐部。麦克米拉项目诞生于1998年，经过几次试验，第一家酿酒厂于2002年建成。2011年12月17日，一家新的重力酿酒厂成立了。酒厂使用的蒸馏器与以前的蒸馏器大小和形状相同，虽然它们可以分三班操作。旧的麦克米拉布鲁克斯酿酒厂（Mackmyra Bruk Distillery）可以生产17万升（37000加仑）用于酿酒的酒精，而重力酿酒厂可以生产大约50万升（11万加仑）。它被称为“重力酿酒厂”，因为生产过程从顶部加入原料（麦芽、水和酵母）开始，然后收集底部的新产品。整个过程都在使用生物燃料。

麦克米拉（Mackmyra）的理念是，我们可以称之为分布式酿酒厂，因为它在瑞典的不同地区陈酿威士忌。它甚至在斯德哥尔摩北部的耶夫勒（Gavle）开设了一个威士忌村。这里有许多威士忌，有些是在波旁酒桶中陈酿的传统威士忌，少数是使用当地橡木桶生产的“瑞典”威士忌，类似于法国威士忌。这些威士忌是用当地树种木材熏制的，而不是泥煤熏制的。麦克米拉布鲁克斯威士忌（Mackmyra Bruks whisky）是一种在初填波旁桶、雪莉酒桶和瑞典橡木桶中成熟的威士忌，它还含有一小部分烟熏威士忌。

品鉴记录
香气：香草味，松针味，白色水果味
口感：红色水果味，奶油和香草味
余味：烤苹果味，香料和新鲜的香草味道

PUNI
VINA
THE
ITALIAN
MALT WHISKY
MARSALA
700ml
43% alc/vol

普尼维纳

(Puni Vina)

特点：在葡萄酒桶中达到完全成熟，配方里含有三种麦芽。

原产国：意大利
类型：麦芽威士忌
生产商：普尼（Puni）酒厂
生产过程：使用铜制蒸馏器二次蒸馏
酒精度：43%
容量：70 cl

普尼酿酒厂是意大利唯一一家以苏格兰模式为基础的酿酒厂，在埃本斯珀格（Ebensperger）家族的帮助下，于2012年开始生产。在该地区，基于砖谷仓的典型通风裂缝形状，现代和创新的建筑都有一个网格图案。所有的主要设备都来自苏格兰，而5个12 000升（3000加仑）的发酵桶是由南蒂罗尔落叶松制成，并由当地的一家公司生产。这些水来自该镇的供水网络，供水网络使用了附近的水源。在最初的几年里，酿酒厂用三种类型的麦芽制作麦芽浆：大麦、小麦和黑麦，后者在瓦洛斯塔（Val Venosta）种植，在德国生产麦芽。在接下来的几年里，它只生产大麦麦芽威士忌。除了这种独特的混合谷物，酿酒厂还采用了两种不同寻常的做法：第一种是使用马萨拉酒桶陈酿，以强调威士忌的意大利起源；第二种是使用第二次世界大战期间的掩体来使部分库存成熟。普尼维纳包括所有三个酿酒厂的不寻常的特点，酒龄为5年，在老马萨拉桶陈酿。

品鉴记录

香气：葡萄干味、香料味、坚果味、饼干味

口感：有香料、白色水果、浆果和糖浆味道

余味：香料味，可可味，成熟水果味

Lark Distillery
EST. 1992
SINGLE
MALT
WHISKY
Single Cask
CASK
STRENGTH
Bottled Feb 2010
Cask 113
Distilled by
Kristy Lark
Bottled by Hand at
The Lark Distillery, Hobart
PRODUCT OF AUSTRALIA
500ml 58% A/V
Approx 23 Standard Drinks

云雀原桶强度单一麦芽威士忌

（Lark Cask Strength Single Malt）

特点：采用小桶，当地粮食，天然桶装，单一桶装。

原产国：塔斯曼尼亚
类型：单一麦芽威士忌
生产商：云雀（Lark）酒厂

生产过程：使用铜制蒸馏器二次蒸馏
酒精度：58%
容量：50 cl

1992年，比尔·拉克（Bill Lark）成立了自己的酿酒厂，获得了153年来塔斯曼尼亚颁发的第一个酿酒许可证，距离最后一家活跃的酿酒厂倒闭已有150年。除了为其他酿酒厂铺平了道路，他还自掏腰包教他们如何酿酒，帮助他们开业。这家酿酒厂位于芒特普莱森特（Mount Pleasant）的一个农场，距离霍巴特（Hobart）约15分钟车程。他在那里找到了一群投资者，他们参与了酒厂的后续发展。比尔·拉克（Bill Lark）表示，在一次与岳父一起钓鳟鱼的旅行中，他获得了启示。他们一边啜着一杯威士忌，一边意识到自己被麦田、丰富的水源和泥煤沼所包围。那时，他想知道为什么塔斯曼尼亚没有蒸馏厂。这种威士忌大部分在100升（22加仑）的桶中成熟，部分大麦使用当地的泥煤进行干燥。他的女儿克里斯蒂最近成为了酿酒大师。

这款威士忌是单桶装的，在天然木桶中装瓶，没有被稀释，是用澳大利亚富兰克林和盖尔德纳大麦品种酿造的。

品鉴记录
香气：香料味，坚果味，香草味，蜂蜜味
口感：有苹果、香草、糕点和生姜的香气
余味：带有橙子和蜂蜜的辛辣味

KAVALAN
DISTILLERY

KA
VA
LAN
SINGLE MALT WHISKY
BOURBON OAK
MATURED
Matured in hand selected first-fill American ex-Bourbon barrels. Fresh honey and vanilla are the main characteristics of this unique single malt Taiwanese whisky.
70 cl℮ 46% vol alc.

噶玛兰波旁橡木桶陈酿

（Kavalan Bourbon Oak matured）

特点：成熟于热带气候。

原产国：中国（台湾地区）
类型：单一麦芽威士忌
生产商：噶玛兰（Kavalan）蒸馏厂
生产过程：使用铜制蒸馏器二次蒸馏
酒精度：46%
容量：70 cl

噶玛兰酒厂成立于2005年，部分原因是为了满足中国台湾威士忌消费的需求。中国台湾的威士忌消费量如此之高，以至于它已成为全球主要的威士忌消费地区之一。这家酿酒厂在短短几年内增加了许多扩建项目，这证明了它的成功。这家公司的创始人、企业家、金车（King Car）的所有者李添财（Lee Tien Tsai）一直梦想着生产威士忌。它位于中国台湾的东北部，所在地区的气温明显高于苏格兰。这就是蒸馏法不得不进行一些改进的原因之一，将传统的冷凝器与另一个更有效的冷却系统相结合。

仅仅是温暖湿润的亚热带气候，温度往往超过40摄氏度（104华氏度），就会导致威士忌在酒桶中的成熟过程与苏格兰不同，蒸发率超过10%，而苏格兰只有1.5%。因此，它成熟得更快，更积极，生产的威士忌仅3年已经充分形成所需的颜色和口味。酿酒厂非常注重在老酒桶中陈酿，然而噶玛兰波旁酒陈酿中真正涵盖了这个热带气候的灵魂，加强了美国橡木桶的味道。

品鉴记录
香气：香草味，热带水果味，肉豆蔻味
口感：芒果味，香料味，椰子味，香蕉味
余味：柠檬和香料味

服务和品尝

尽管人们试图制定严格的规则，但威士忌是用许多不同的方式服务供应的，还有许多不同的风俗习惯。在那些威士忌消费量很高的地方，威士忌被认为是可以和伙伴一起享用的日常饮品，盛放它的玻璃杯往往不太重要，而且服务时还会搭配许多不同的东西，例如，冰、水、苏打水、可乐或柠檬水。在其他地方，威士忌被认为是一种花蜜，可以慢慢地喝，它必须盛在郁金香形状的杯子里，边上放一杯清水来使味蕾焕然一新。以上这些都没有错，尽管用昂贵的单一麦芽酿制威士忌搭配可乐看起来有点傻。有几十种专门用来品尝威士忌的酒杯，没有一种适合所有类型的威士忌，但是一开始可以用雪莉酒杯。

如果你想了解你正在喝的威士忌，你必须慢慢开始熟悉它。使威士忌在玻璃杯中旋转，而不转动玻璃杯本身，完全覆盖其边缘，然后观察已经形成的“酒腿”（国内称之为挂杯），并观察它们是多么迅速地沿着边缘“跑”回去的。把杯子拿到你的鼻子前面，快速地从一个鼻孔移到另一个鼻孔。然后再把玻璃杯放在鼻子下面几秒钟。试着张开着你的嘴去闻它。接着喝一小口以适应酒精。再喝一小口，但这一次在你吞下它之前把它含在嘴里停留几秒钟，确保它接触到口腔的每一部分。

现在把它吞下去。鼻后气味很重要。当接触到口腔时，酒精气体在鼻腔内上升，使人们能够感知到其他的香味。

虽然很多人不愿意在威士忌中搭配水饮用，但是它可以在每次啜饮之间让人的味蕾焕然一新，或者直接加入不同量的水。从纯技术的角度来看，加水对于理解威士忌的优缺点是必不可少的。那些在威士忌世界里工作的人，主要使用他们的嗅觉，就像搅拌机一样，他们把水逐渐加入到威士忌中，直到它被稀释到50%。但是他们为什么要这么做呢？在威士忌中加水时会发生化学反应，酒精含量降低，温度略有升高。这就释放了许多“禁锢”在威士忌中的味道，这样它们就可以被识别出来。即使只是几滴水也能促进这种反应。如果是和食物一起搭配喝，水也可以用来稀释威士忌。

加水是否使威士忌更容易饮用？减少酒精含量当然有帮助，但其他因素也必须考虑到，酒精是一种“润滑”的甜味物质，将其稀释使其浓度降低。如果威士忌中的“硬”口味，例如单宁和香料，没有被酒精抵消，那么它们的味道将更加明显。

鸡尾酒系列

碧血黄沙
（Blood & Sand）

拉马尼卡
（La Manica）

曼哈顿香草
（Herbs Manhattan）

曼哈顿
（Manhattan）

嘿，
约翰尼，
笑一笑
（Hey Johnny say Cheese）

米兰威士忌
甲壳虫
（Milano Whisky Crusta）

拉米可黑巧克力
（L’Amico del Conte）

薄荷茱莉普
（Mint Julep）

古典
（Old Fashioned）

血色迷雾
（Smook Bloody）

罗布·伊尔·萨吉奥
（Rob il Saggio ）

索尔莱万特
（Sol Levante）

守护天使
（Saving Grace）

暴君威士忌
（Tyrannie Whisky）

萨泽拉克
（Sazerac）

碧血黄沙
（Blood＆Sand）

配料

4.3 cl（1.5液体盎司）斯普林班克10（Springbank 10）
2.1 cl（0.75液体盎司）美斯苦艾酒（Punt & Mes）
1.5 cl（0.5液体盎司）桑格莫拉科利口酒（Sangue Morlacco liqueur）
2.1 cl（0.75液体盎司）鲜橙汁

制作方法：摇动　玻璃杯：飞碟杯
装饰：樱桃

制作过程

将所有原料放入调酒壶中，加冰块，用力摇和。滤入鸡尾酒杯，用一颗用黑樱桃酒或其他利口酒浸泡的樱桃装饰。

曼哈顿香草
（Herbs Manhattan）

配料

4.3 cl（1.5液体盎司）Masterson的10年陈黑麦

4.3 cl（1.5液体盎司）都灵映像味美思（Cocchi Storico Vermouth Torino）

1匙意大利菲奈特苦酒（Fernet）

1.5匙布兰卡蒙塔（Branca Menta）

0.5匙绿色苦艾酒（Green Absinthe）

制作方法：搅拌　玻璃杯：马提尼玻璃杯

装饰：柠檬皮扭汁（然后丢弃）*，1根薄荷枝

制作过程

将所有原料放入调酒杯中，待混合物部分稀释后冷却。滤入冰过的鸡尾酒杯，挤入柠檬汁并用薄荷叶装饰。

* 废弃的柠檬皮意味着你可以用柠檬皮将精油喷洒到饮料中，但是柠檬皮本身并不能作为装饰。

嘿，约翰尼，笑一笑
（Hey Johnny say Cheese）

配料

5 cl（1.75液体盎司）本尼维斯10年单一麦芽威士忌（Ben Nevis 10）
5 cl（1.75液体盎司）红毛丹浸泡液
3 cl（1液体盎司）红薯泥
1吧匙奶酪蘸酱
2抖热带苦酒
1.5 cl（0.5液体盎司）酸橙汁

制作方法：摇动　玻璃杯：日式盖杯
覆盖有刺绣织物
搭配：蓝色领结意大利面

制作过程

将所有原料放入调酒壶中，加冰块，用力摇和。
滤入装饰好的日式盖杯中。

拉米可黑巧克力

（L'Amico del Conte）

配料

3.5 cl（1.25液体盎司）索诺
第二机遇小麦威士
（Sonoma 2nd Chance Wheat
3 cl（1液体盎司）好奇美国佬味美
（Cocchi Americano
2.1 cl（0.75液体盎司）意大利南瓜开胃
（Zucca Rabarbaro
2抖安格斯特拉苦酒（Angostura Bitters
2抖奥里诺科苦酒（Orinoco Bitters

制作方法：搅
玻璃杯：双层岩石
装饰：柠檬皮扭

制作过程

将所有原料放入搅拌杯中
待混合物充分稀释后冷却
滤入一个非常冷的服务玻璃杯中
并加入冰块
用一片柠檬皮装饰

拉马尼卡（La Manica）

配料

3 cl（1液体盎司）格兰花格15年
单一麦芽苏格兰威士忌（Glenfarclas 15）
0.75 cl（0.25液体盎司）法国Kornog
单一麦芽威士忌
1.5 cl（0.5液体盎司）玛萨拉酒（Marsala）
3 cl（1液体盎司）青梅酒（Umeshu）
2抖安格斯特拉橙味苦酒
（Angostura Orange Bitters）
4抖安格斯特拉苦酒（Angostura Bitters）

制作方法：搅拌
玻璃杯：马提尼酒杯
装饰：橙子皮扭条

制作过程

将所有原料放入调酒杯中，
彻底冷却。滤入冰过的鸡尾酒杯，
香味四溢，用一片橘子皮装饰。

曼哈顿（Manhattan）

配料

4.3 cl（1.5液体盎司）寡妇简黑麦威士忌（Widow Jane Rye）
4.3 cl（1.5液体盎司）红色苦艾酒（Red Vermouth）
4抖苦酒

制作方法：搅拌
玻璃杯：马提尼酒杯
装饰：橙子皮扭条

制作过程

将所有原料放入调酒杯中，加冰冷藏，稀释后调味。滤入冰过的鸡尾酒杯，加入一片橘子皮，扭曲出味增加香味，也可以作为装饰。

米兰威士忌甲壳虫
（Milano Whisky Crusta）

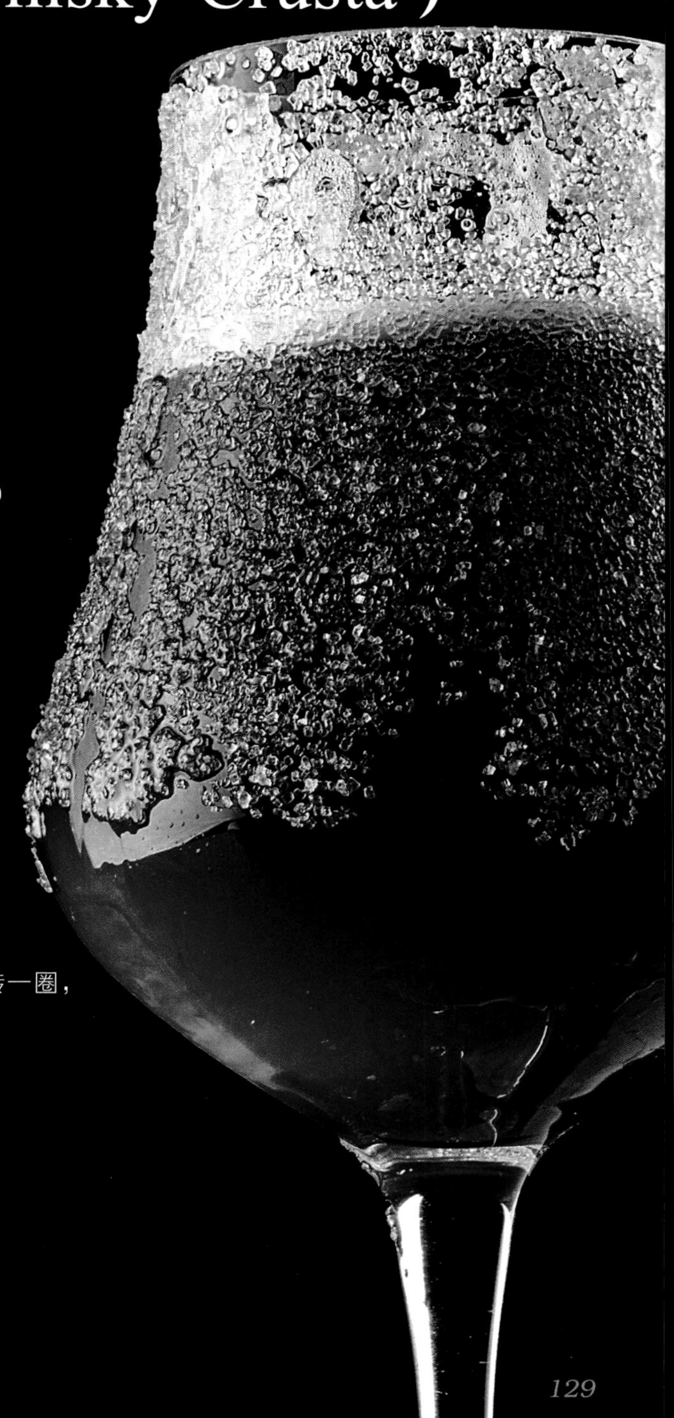

配料

3.5 cl（1.25液体盎司）帝霖小批量
爱尔兰威士忌（Teeling Small Batch）
3 cl（1液体盎司）菲奈特（Fernet）
1.5 cl（0.5液体盎司）君度（Cointreau）
0.75 cl（0.25液体盎司）柠檬汁

制作方法：摇动
玻璃杯：品鉴杯
装饰：白糖饰边

制作过程

把一个冰镇的好的品鉴杯
倒扣入一个装满糖的容器中，旋转一圈，
直到整个表面都被覆盖。
将所有原料放入调酒壶中，
加冰块，用力摇和。
滤入事先准备好的杯子。

薄荷茱莉普
（Mint Julep）

配料

5 cl（1.75液体盎司）杰克丹尼保税威士忌（Jack Daniel’s Bottled-in-Bond）
5抖苦酒
15 g（0.5盎司）薄荷
15 g（0.5盎司）白糖
一点苏打水

制作方法：直接注入　玻璃杯：普通玻璃杯
装饰：薄荷枝

制作过程

把白糖、苦酒、薄荷和苏打水放在杯子里，溶解糖，从薄荷中提取香味。加入威士忌和大量的碎冰，然后搅拌使冰融化，直到你得到想要的稠度。用碎冰、红色水果和一根大的薄荷枝装饰。为了不弄湿你的胡子，你可以用茱莉普过滤器喝水！

古典（Old Fashioned）

配料

5.7 cl（2液体盎司）四朵玫瑰单桶威士忌
1块方糖
5抖苦酒
一点苏打水

制作方法：直接注入
玻璃杯：双层岩石杯
装饰：橙子皮扭条，一颗樱桃

制作过程

将方糖放入搅拌杯中，用苦酒浸泡。加一点苏打水帮助溶解它。加入威士忌，在杯子里装满冰块，搅拌直到你得到想要的稠度。用一片扭曲橙子皮和一颗用酒浸泡过的樱桃装饰。

罗布·伊尔·萨吉奥

（Rob il Saggio）

己料

cl（2液体盎司）格伦法克拉斯15年
一麦芽苏格兰威士忌（Glenfarclas 15）
cl（0.75液体盎司）
灵映象味美思（Cocchi Storico Vermouth）
5 cl（0.25液体盎司）
罗阿尔贝托红味美思（Carlo Alberto Red Vermouth）
抖奥里诺科苦酒（Orinoco Bitters）

作方法：搅拌
璃杯：马提尼酒杯

刂作过程

所有原料放入调酒杯中，稍微稀释一下。
入冰过的马提尼杯中，
皮扭条增香并作装饰。

守护天使
（Saving Grace）

配料

10.75 cl（0.25液体盎司）本尼维斯10年单一麦芽威士忌（Ben Nevis 10）
12.1 cl（0.75液体盎司）乡村甜酒（蒲公英、茴香、葡萄柚花椒莓、柠檬薄荷）
2.1 cl（0.75液体盎司）胡芦巴利口酒（Fenugreek liqueur）
0.75 cl（0.25液体盎司）柠檬汁
2抖柚子汁

制作方法：摇动　玻璃杯：长笛杯
装饰：油炸板子圈（fried panko crusta rim），
玻璃杯里放一颗红毛丹

制作过程

将所有原料放入调酒壶中，加冰摇和均匀。
用雪花石膏制成的长笛杯装盛酒液并用干草做装饰。

萨泽拉克（Sazerac）

配料

5.7 cl（2液体盎司）酩帝诗
（Michter's US*1）
5滴苦艾酒
10滴 北秀德苦酒（Peychaud's Bitters）
1块方糖

制作方法：搅拌
玻璃杯：双层岩石杯
装饰：橙子皮先扭条（然后丢弃）

制作过程

在服务杯中加入冰块和几滴苦艾酒。让它冷却并散发出味道。将方糖放入调酒杯中，用 北秀德（Peychaud）的苦酒浸泡，加入一点苏打水，等它溶解，加入烈酒和冰块，大力搅拌，使混合物冷却。然后倒空服务杯，再倒入搅拌好的饮料。用一片橙皮扭条增加香味，不要装饰。

血色迷雾

（Smook Bloody）

配料

3 cl（1液体盎司）齐侯门（Kilchoman）100%艾莱岛

3 cl（1液体盎司）伍斯特酱

2抖塔巴斯科辣椒酱

0.35 cl（0.125液体盎司）液体糖浆

17 cl（0.125液体盎司）成熟新鲜的小番茄汁

1.5 cl（0.5液体盎司）酸橙汁

制作方法：抛接

玻璃杯：海波威士忌酒杯

装饰：柠檬皮扭条

制作过程

把所有的原料放入半个波士顿调酒壶中，另一半加入3/4的冰块。从一个调酒壶中传递液体到另一个调酒壶中，保持冰块在其中一个调酒壶中（抛接技术）。倒入加满冰块的海波杯，

饰以柠檬皮扭条。

配料

3 cl（1液体盎司）尼克卡科菲麦芽威士忌（Nikka Coffey Malt）
2.1 cl（0.75液体盎司）粉红色葡萄柚汁
15 cl（0.5液体盎司）格雷伯爵茶糖浆
15 cl（0.5液体盎司）苹果汁

制作方法：摇动
玻璃杯：酸酒杯

索尔莱万特
（Sol Levante）

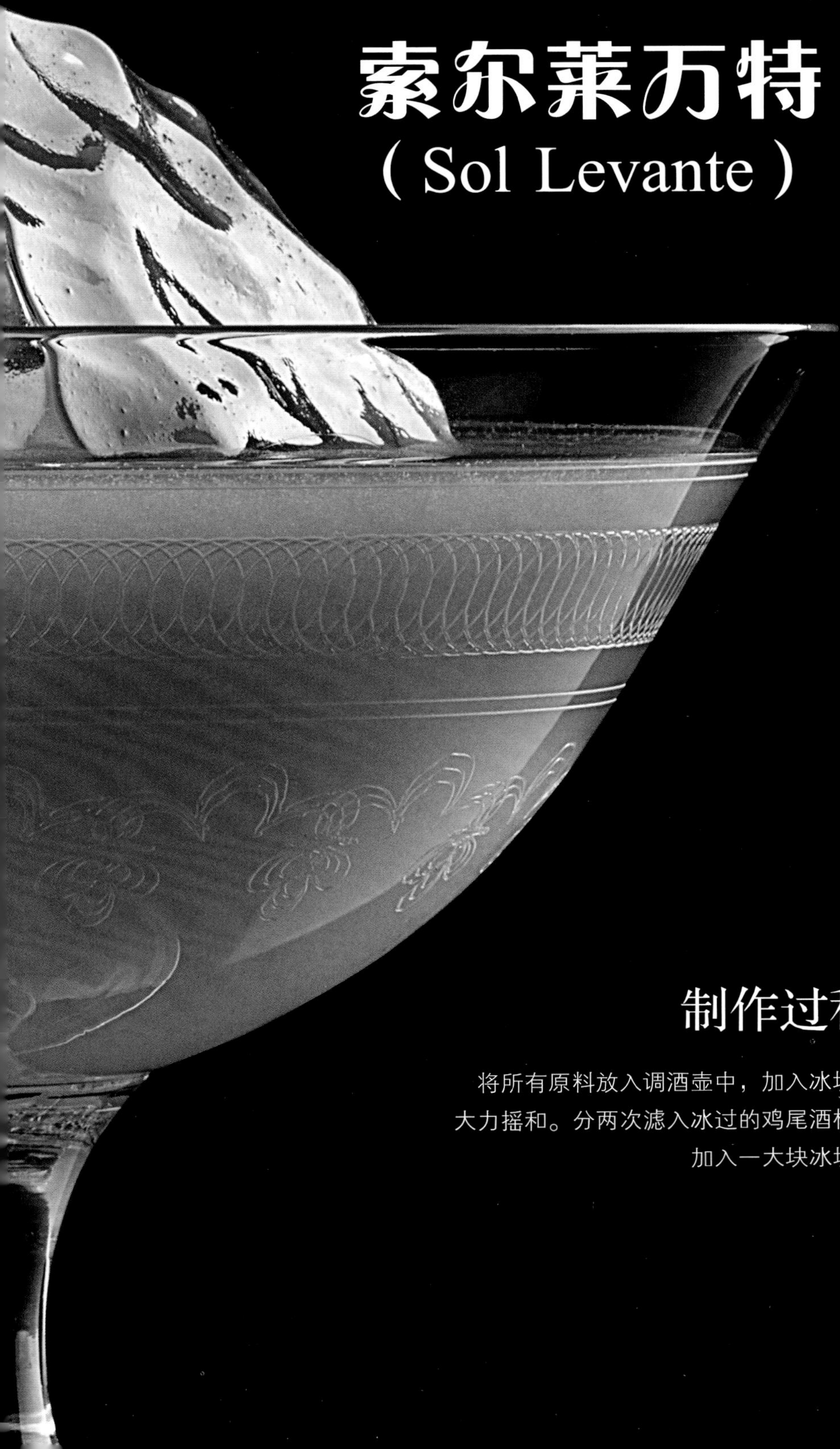

制作过程

将所有原料放入调酒壶中，加入冰块，大力摇和。分两次滤入冰过的鸡尾酒杯，加入一大块冰块。

暴君威士忌
(Tyrannie Whisky)

配料

4.3 cl（1.5液体盎司）欧肯特轩原始橡木桶威士忌（Auchentoshan Virgin Oak）
1.5 cl（0.5液体盎司）菲奈特苦酒
2.1 cl（0.75液体盎司）布兰卡蒙塔苦酒（Branca Menta）
3 cl（1液体盎司）柠檬汁
1.5 cl（0.5液体盎司）杏仁糖浆
2抖安格斯特拉（Angostura）橙味苦酒

制作方法：摇动　玻璃杯：平底玻璃杯
装饰：柠檬皮扭条

制作过程

将所有原料放入调酒壶中，加冰块，用力摇和。
滤入盛满冰块的平底玻璃杯，
柠檬皮扭条增加香味并作装饰。

作者介绍

戴维德·泰尔齐奥蒂（Davide Terziotti）是一位充满激情的蒸馏酒专家，他致力于研究、倡议和调查。自2009年以来，他一直在撰写博客“天使的分享——拉迪奇，佩尔松，蒸馏酒（Le radici，Le persone e lo spirito dei Distilati）”。2014年，他与人共同创立了意大利威士忌俱乐部，旨在通过活动、课程、节日和出版项目传播优质蒸馏酒的文化和知识。

克劳迪奥·里瓦（Claudio Riva）是意大利威士忌俱乐部的创始人，多年来他投入了大量的时间和精力来推广世界上的烈酒，他已经把几本关于威士忌的书翻译成意大利语，并对美国的小型蒸馏酒厂有着浓厚的兴趣。

法比奥·佩特罗尼（Fabio Petroni）学习摄影，然后与摄影界最有才华的专业人士合作。他的工作使他专注于肖像和静物，在这些领域他展示了一种直观和严谨的风格。他与主要的广告公司合作，并参与了众多著名公司的活动，包括意大利的主要品牌。

埃里克·维奥拉（Erik Viola）在一所酒店和餐饮学校就读后，开始了他在餐饮业的职业生涯。在当了几年学徒之后，他开始做酒保，先是在利古里亚大区，后来在米兰。他的工作经验包括在派克意大利酒吧（the Peck Italian Bar）和佩奇酒吧&厨房（Pinch Spirits & Kitchen）工作，目前是酒吧经理。

鸣 谢

感谢佩奇（Pinch）在调制鸡尾酒时的热情款待和支持。
我们也要感谢这些公司：Beija Flor，Compagnia dei Caraibi，Fine Spirits，Pernod Ricard Italia，Pellegrini，Puni，Rinaldi and Velier，以及他们的代表：毛里齐奥·卡尼奥拉蒂、马尔科·卡列加里、塞缪尔·塞萨纳、乔纳斯和卢卡斯·埃本斯佩格、伊曼纽尔·戈齐尼，加布里埃尔·龙达尼和法比奥·托雷塔。
为这本书的出版做出了贡献。
感谢丹妮拉·丹妮尔（Daniela Daniele）和埃米利亚诺·奥拉博纳（Emiliano Orabona）对文本的修订。
法比奥·佩特罗尼（Fabio Petroni）感谢西蒙·保罗·穆拉特（Simone Paul Murat）向他介绍了威士忌的世界。

摄影图片

所有的图片都是由法比奥·佩特罗尼（Fabio Petroni）拍摄的，除了：
第六页：格兰杰历史图片档案/阿拉米图片社图片-第九页：广告档案/阿拉米图片社图片-第十页：马丁·托马斯摄影/阿拉米图片社图片-第十三页：私人收藏/观察与学习/插图文件收藏/布里奇曼图片-第十四页：格兰杰收藏/阿拉米图片社图片-第十五页：迪戈斯蒂尼图片库/A。图片来源：Dagli orti/bridgeman Images-Page 18：Jeremy sutton-hibbert/alamy Stock Photo-Page 87：Irina koteneva/123rf

原书名：The Spirit of Whiskey
原作者名：Text by Davide Terziotti and Claudio Riva
Photographs by Fabio Petroni
Cocktails by Erik Viola

图书在版编目（CIP）数据

威士忌／（意）戴维德·泰尔齐奥蒂，（意）克劳迪奥·里瓦著；李祥睿，陈洪华，李佳琪译．--北京：中国纺织出版社有限公司，2020. 10
ISBN 978－7－5180－7585－0

Ⅰ．①威…　Ⅱ．①戴…　②克…　③李…　④陈…　⑤李…　Ⅲ．①威士忌酒—基本知识　Ⅳ．①TS262. 3

中国版本图书馆 CIP 数据核字（2020）第 120590 号

责任编辑：闫　婷　　　　责任校对：王花妮
责任设计：品欣排版　　　责任印制：王艳丽

中国纺织出版社有限公司出版发行
地址：北京市朝阳区百子湾东里 A407 号楼　邮政编码：100124
销售电话：010—67004422　传真：010—87155801
http://www. c-textilep. com
中国纺织出版社天猫旗舰店
官方微博 http://weibo. com/2119887771
北京华联印刷有限公司印刷　各地新华书店经销
2020 年 10 月第 1 版第 1 次印刷
开本：710×1000　1/16　印张：9
字数：70 千字　定价：98. 00 元

译者的话

本书介绍了威士忌酒的历史与地理环境，遴选了全世界范围内40种不同的威士忌作为实例，阐述了威士忌的选料、制作、品尝等过程，还诠释了用不同风格的威士忌作为基酒的鸡尾酒配方，内容翔实，堪为了解威士忌的宝典。本书由扬州大学李祥睿、陈洪华、李佳琪等翻译，其中参与资料收集的有杨伊然、许志诚、周倩、高正祥等。